认知突围

做复杂时代的明白人

蔡垒磊 著

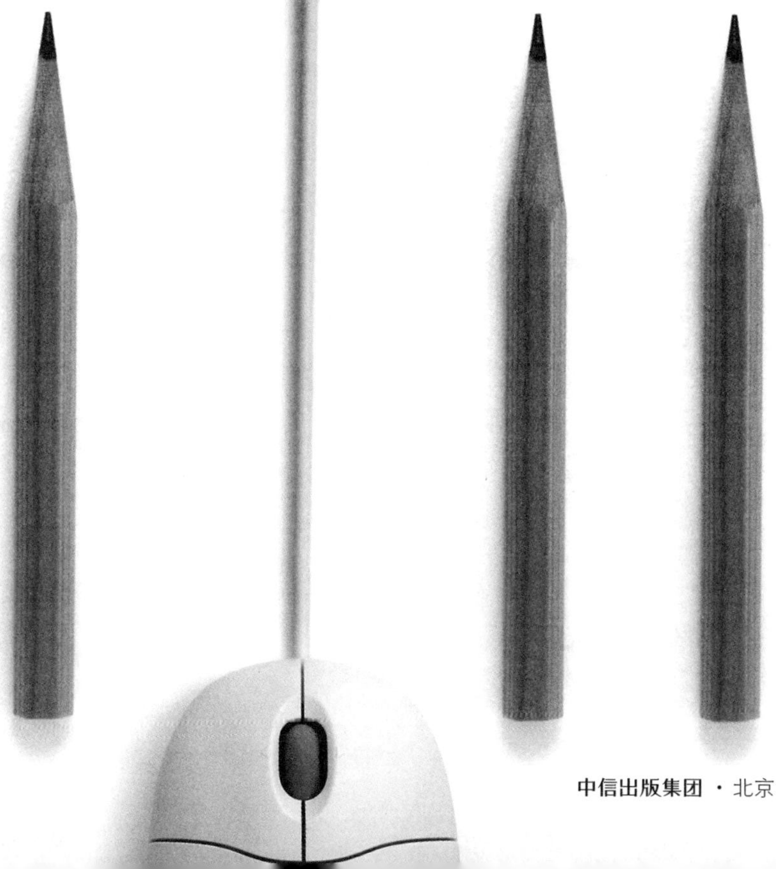

中信出版集团 · 北京

图书在版编目（CIP）数据

认知突围：做复杂时代的明白人 / 蔡垒磊著 . --
北京：中信出版社，2017.9（2025.10 重印）
ISBN 978-7-5086-7762-0

I. ①认… II. ①蔡… III. ①认知逻辑 IV.
① B815.3

中国版本图书馆 CIP 数据核字（2017）第 144829 号

认知突围：做复杂时代的明白人

著　　者：蔡垒磊
出版发行：中信出版集团股份有限公司
（北京市朝阳区东三环北路 27 号嘉铭中心　邮编　100020）
承 印 者：北京通州皇家印刷厂

开　　本：880mm×1230mm　1/32　　印　　张：7.25　　字　　数：162 千字
版　　次：2017 年 9 月第 1 版　　印　　次：2025 年10月第 36 次印刷
书　　号：ISBN 978-7-5086-7762-0
定　　价：39.00 元

本书推荐

蔡叔是一个很有思想的年轻人，他写的文章又长又烧脑，却没有一句废话，看着觉得长，看完了之后又嫌短。这本书从自我开始由小及大讲述了人生的方方面面，值得一读。

——吴雁

千万级微博“思想聚焦”博主

认知是人与人之间最基础的差别。有人说人和人之间的差别，比人和狗之间的差别还大。我认同这个观点，认知层次不同，就是鸡同鸭讲。人和狗之间还能通过表情、手势进行交流，但人和人之间会因为思想的维度相差几个等级而无法沟通。我已提前翻阅这本书，是一本值得推荐给所有朋友的书。

——陈师明

公众号“富兰克林读书俱乐部”创始人

这是一个矛盾的时代。一方面互联网带来了无数的机会，塑造了不少的新贵，每一个行业都在被改变或等待被颠覆；另一方面，中产阶级无比焦虑，缺乏安全感，媒体天天营造上升通道被关闭的悲凉氛围。我相信我们正在经历新的技术革命和新的文艺复兴，我们无比兴奋，却又无比焦虑。我们好似有无限机会，又不知道如何抓住它们。我们缺的不是信息，而是认知。所以，我们尤其需要蔡垒磊的这本书。

——陈立飞

香港知名自媒体人，公众号“Spenser”创始人蔡叔的文章，总会给人一种吃惊、反思、豁然开朗的情绪体验。本书也一样，会将阻碍你发展的那些错误观念进行解构和重建。如果你想提升认知，就该读读这本书。

——孙圈圈

公众号“圈外”创始人兼 CEO

虽然了解自己是一件很难的事情，因为各种蛊惑人心的言论大行其道，普通人很难通过一般的媒介读懂自己的内心，一个人要了解自己甚至比了解身边其他人还难，但是了解自己的回报十分丰厚。蔡叔试着在书里给出一个寻找自我的路径，书中既有精细知识的趣味，又兼具思想气息，很值得一读。

——肥肥猫

知乎著名大 V，公众号“肥肥猫”创始人

很多人都在讲认知，其实可能连讲的人自己都不知道什么是认知。在周游世界的历程中，我认识了无数的陌生人，要说有趣的灵魂，蔡叔绝对名列前茅。这本书凝聚了蔡叔的思想精华，对于思维的解剖可以说非常细腻、到位，我几乎是一口气读完的，我想，每个年轻人都会愿意遇到这样的灵魂吧。

——杨熹文

公众号“请尊重一个姑娘的努力”创始人

每次当蔡叔提出一个新见解的时候，我都会去看看，因为他不仅给出结论，还有十分清晰的逻辑思考过程，总是能用平实的语言戳中你的认知盲点，让你受益。

——缓缓君

公众号“缓缓说”创始人

目＼录

第三章

挣钱是一门手艺活：重新认识金钱

第四章

赚时间就是赚寿命：重新认识时间

第五章
没人真正为你好：
重新认识关系

第六章
如何过好这一生：
重新认识人生

序＼言

我们生活在同一个世界吗？许多人会说：“那当然啦！如果不是这样，我们怎么能看到同样的东西，听到同样的话，又能彼此交流呢？”

这事还真值得商榷。就物理空间来说，我们的确生活在同一个世界，但在精神空间层面就不一定了。虽然我们的眼睛、耳朵等器官的构造大体相同，但摄取信息以后在大脑里面加工出来的成品，可能就大相径庭了。问题出在哪里呢？肯定是大脑这个加工器的问题。

每个人的大脑都有一套算法，是由从出生到现在的环境投射和自主意识共同进化而成的。这套算法决定了一个人对基础素材的加工方式，我们将其简单地归结为两个字：认知。

认知有很多侧面，对于任意一个侧面，只要认知不同，看到的就是不同的东西，听到的就是不同的话，进而无法彼此友好交流，因为所有的交互终究是过完脑子以后的成品之间的交互。

写这本书对我来说，是一次理想主义与现实主义的碰撞。理想主义是我有一些来自灵魂深处的责任感，我相信每个人都或多或少有一些。现实主义是通过大量的前期数据积累，我确信它能帮助人们解决一些极其现实的问题。运营“请辩”公众号这一年多的时间，有几十万读者向我提过千奇百怪的问题。这些问题五花八门，但总有许多共性。这让我相信，大多数人对于某些问题就是无能为力的，这种无能为力的背后是人们对影响人生关键的某些概念认识不清，从而总是无法做出正确的决定。

为此，本书用层层递进的方式对人这一生中最重要的几件事情进行了手术般的解构。

先了解“人”的共性，然后确定自己是“人”，接着坦然承认自己当然拥有这些共性，最后才是逐渐弱化，而不是试图消除那些有负面效应的共性。

大脑是人身上最重要的物件，而知识是构成大脑算法最基础的元素，什么样的知识才是更为有用的知识？如果对这些概念模糊不清，那么就很难建立起严谨的通识知识体系，自然在应对很多问题时就会吃大亏。

挣钱看起来是一件不那么容易的事情，因为获取资源这件事永远都只能通过跟其他人竞争来实现。凭什么竞争总是你胜出？当你了解挣钱的原理，但别人还不了解的时候，你的赢面就大得多了。

时间很重要，但很多人并不清楚它究竟有多重要，于是“分秒必争”对大多数人来说，就真的只是一个写在纸上的词，跟真正的行动没有一点联系。

你有情感，也感受得到情感，但你知道它是从哪儿来的吗？真正的情感，本质是自主意识的寄生。还有一些虚假的情感，是由社会压力和利益产生的，但人们往往分不清。当明白了这个道理后，你就不会被轻易感动，因为感动是一种消费，凡消费必有成本。

人们都说懂得那么多道理也过不好这一生，道理是不是真懂了？凡引发不了践行的，要么是并不真正认同，要么是没有真懂。

……

上面都是从书里抽出来的观点，或许你会大呼过瘾，又或许跟你现有的认知不符，你会连连皱眉。这都不碍事，重要的是，当你看到跟自己一致或者不一致的结论时，你是仅有情绪体验，还是有深度思考的参与？

多数人都喜欢看那些跟自己的固有思维一致的结论，因为这样的“肯定”可以带给他们愉悦的体验。但有一个残酷的事实是，成长确实是由一系列的不舒适构成的，所以不惧怕不舒适，或许是成长必不可少的一个条件。

世界虽很复杂，但千头万绪总有源头。这个源头就叫底层知识，对它的正向修缮是成长的关键所在。甚至可以这么说，世间的道理一共就这么多，无论你从事什么行业，用的是什么技能，都是底层知识的“相”，提升认知，提升的就是底层知识的正确性。

最后，本书的所有观点都不是想改造你，而是一块帮助你检验底层知识的试金石，给出证明，给出逻辑，让你自行判断，自行取用。如果在认真思考后发现这个貌似复杂的世界真的可能是另一种模样，那么你就离“明白人”更近了一步。

蔡垒磊

2017 年 6 月

第一章

来，狠狠抽自己耳光：

重新认识自己

或许，我们并不认识自己

一切的认知都从认识自己开始，只有对自己的各类行为有了清晰的认知，对自己的局限性有了明确的界限感，我们才能够敞开胸怀，去接纳更好的东西。因此，我把本章设为第一章，先看看我们对自己的现有认知有多不靠谱。

突围方向

我们有太多错误的僵化思维，之所以有这些思维，是因为我们接触了太多的有毒思想。这些有毒思想通常被裹上了理想主义的外衣，让我们沉醉在“不合时宜”的古人、无知者和有心人的片面言论或谎言中。加之大部分人缺乏深入思考的能力，于是，我们在错误的认知体系的引导下，又加入了更多错误的东西，继而连微小的进步都变得极其困难。

在本书中，我们会拆解关于这个世界的更多真相，但对于平时缺乏深度思考的人来说，只有先认识自己，先习惯打自己的脸，才能继续深入思考下去。

认知清单：

• 我们的大脑不靠谱，我们惯用切片思维，为了获得更好的情绪体验，我们会创造自我，自欺欺人。

• 我们的记忆是被自我意识改造过后的记忆。

• 我们对自己的评价总是构建在他人反馈的基础之上，所以我们不是不会客观地评价自己，而是不想客观地评价自己。

• 懒惰、放纵、自制力不足，根源都在于认知能力受限，看不到某事能带来的巨大收益，因此就不足以产生足够的动力。广义上来讲，认知也是一种智慧。

• 机会并没有那么依赖运气，机会之所以没有青睐你，是因为你并不具备开启它的条件。

• 先做起来，让自己变得更好，“意外好运”才有更大的概率降临。

• 势利是刻进人类基因里的，它并不是一个贬义词，势利贯穿了人类各种行为的始终。

• 获得好人缘的正确方式是拥有更多的正面资源。

大脑
每时每刻
都在骗你

看清自己有多难

很多人的家里有一面神奇的镜子，在这面镜子前，人们永远是明眸皓齿、楚楚动人，他们有半数的自拍都在这里完成。不过，这世上有另一些镜子，它们扭曲、邪恶，常常让人怀疑镜子里面的是不是自己，比如还没准备好时不经意瞥见的镜子，再比如任何其他人的手机镜头。

那么，究竟哪一个才是真实的自己？

当我们审视自己，眼睛定格在一瞬间的时候，我们所看到的其实是自己的某个切片。从这个角度来讲，如果将我们对自己的全面评价视为一个维度，那么被我们评价的那些切片，就是基于这个维度的低维投影。

很显然，无论是哪一个低维投影，都无法替代高维判断。这就是为什么我们经常会发现自己：既自信，又自卑；既外向，又内向；既害怕孤独，又享受安静；既无所畏惧，又胆小懦弱。我们自己都分不清到底哪个才是真实的自己，因为我们一直在用切片思维思考问题。

有人问泰勒斯，什么是最困难的事，泰勒斯回复："看清你自己。"看清自己，大约是这个世间最难的事，因为我们是人，是人就随时会产生各种各样的情绪：快乐、悲伤、愤怒、羞愧……而一旦人产生了情绪，就会为了维持或摆脱某种情绪状态而说服大脑将自己的真实意图隐藏起来，比如感受过快乐就想持续感受快乐，尝试过痛苦就想立刻摆脱痛苦。于是大脑就会为你创造一系列虚假指令来达到目的，比如自欺欺人等。久而久之，我们就真的会将这种虚假的思维指令当成是真实存在的。因此只要是人，必然是不能正确认识自己的。幸运的是，我们可以通过一定的认知训练来调节正确认识的程度。

每个人都有证实偏差

我们的大脑在很多时候是很顽固的，无关对错，就是单纯的顽固。这在有强烈"自我感"的人身上，会体现得更加明显一些。我们通常将这种顽固称为"证实偏差"。简单来说，就是当你的头脑中已经形成了某个预设立场或当你倾向于得到某个结果时，你就更容易在搜寻证据的途中不知不觉地偏离"公平"。我们常说的首因效应、晕轮效应等，都是证实偏差在某些时刻的表现：我先入为主认为你不错，那么你干什么都看起来不错；我看你着装得体、干净漂亮，那么你做起事来应该也是干净利落的。这些都是大脑骗人的方式。

寻找头脑中既有立场的正面证据似乎是我们与生俱来的技能，因为我们有强化自我意识的天性。在这一点上，不论你是心理学家，还是社会学家，不论你拥有多少相关的系统性知识，都难以完全摆脱。

有个心理学家做过一个实验，目的是测试“人在权威的震慑下，对于残忍的命令是会继续保持善良，还是会变得冷酷无情”。这位善良的心理学家认为人性是善良的，于是他设置了一个场景，随机挑选了一批实验对象，要求他们用电击的方式惩罚一名做错事的人。实验过后，他发现人们果然都很善良，多数人在面对权威的错误命令时不为所动。

这时有个与他持有相反意见的朋友也设置了一个同样的场景，实验结果却大相径庭，多数人都冷酷无情，在权威的命令下不断电击那个做错事的人。

为什么同一个实验会出现迥然相异的实验结果呢？

可能连他们自己都没有意识到，在实验之前，他们已经埋下了关于实验的预设立场。心理学家在挑选实验对象时，虽然已经尽量做到随机，但他的潜意识还是会帮他挑选一些看起来更为善良的人，而他的朋友则会“随机”挑选一些看上去更喜欢恶作剧的人。最后，结果自然就按他们预设的方向走了。

大脑骗人的方式是多种多样的，如果没有用科学的方法去验证，比如双盲测试、对照实验等，我们在很多时候都会完完全全被它欺骗。更神奇的是，对于被欺骗这件事，很可能我们永远都不会意识到，因为我们从心底里“乐意”被欺骗。而我们之所以没能真实地认清自己，也是因为比起真实的自我，我们更喜欢自我创造的那个。

记忆不靠谱

看起来我们的潜意识只会让我们不断加强“自我”，那么全然清晰地记在脑子里的事情总该是靠谱的吧？那也未必。

总有人怀念说小时候的食物更好吃，当你提出质疑的时候，他们会斩钉截铁地告诉你，他们清楚地记得小时候的味道，现在那些粗鄙货色根本无法与之相比，甚至连水都不如小时候的甘甜。

然而事实真的如此吗？在许多人的记忆深处，“小时候的东西”已然成了一个不可企及的标杆。虽然在事实上，我们大多数人可能并没有能力记得清几十年前的味道，但由于标杆的象征性意义，我们会将最好的味道安在它身上，因为那个味道在当时令人印象深刻。

从这个层面上来说，我们记住的并不是事实上拿来对比的客观味道，而是一种模糊的感觉，比如在当时的条件下是顶级的、惊艳的，再比如终于能吃到了等。那些感觉是深刻且难忘的，至于咸甜的比例、具体的口感，我们可能就不那么确定了，因为人的记忆很难将过于细节的东西保存太久。一个人想要记住更多的东西，肯定需要不断用模糊词去归类，用更少的词语锁住更多的内容，从而给记忆其他事物腾出更多的空间。

每个人都有像上述这样或真或假的记忆，只是我们通常很少去怀疑它的真实性。

美国社会心理学家埃利奥特·阿伦森（Elliot Aronson）在《社会性动物》这本美国社会心理学的“圣经”中写下了如下的观点：也许你不会相信，但有一个事实是，记忆是一个重构的过程。记忆不像录音带或者录像机一样记录客观事实，它在生活中不停地被过滤和改造。

关于记忆很多时候是非真实的反应，还有一个十分经典且有趣的实验。

研究记忆的专家洛夫斯特曾将被试者分为A、B两组，让他们分别收看一段多车相撞的交通事故影片，看完后问A组：“汽车相撞时的速度大约是多少？”再问B组：“汽车撞毁时的速度大约是多少？”注意，前者是“相撞”，后者是“撞毁”。

结果，B组的被试者估出来的速度明显快于A组。一周后，当这些被试者重新被召回时，洛夫斯特询问了一个影片中根本未出现的问题：“你看到撞碎的玻璃了吗？”两组都有人十分笃定地声称自己看到了，但B组回答看到了的人数是A组的两倍多。

许多类似的实验都证明了，只要记忆已经过了一段时间，那么它在很大程度上，并非是过去某个时点的三维定格照片影像。它之所以能呈现在大脑中，是来自我们对信息的压缩、处理和加工。这里面可能掺杂了情感和主观成分，也可能包含了某些不知名时点的片段杂质。

每个人约有 1000 亿个脑细胞，索引是比记忆本身难得多的事情，如果不能简化抽象事物，我们完成记忆后将很难再将其提取出来。想象一下让你记一长串没有规律的电话号码，你默背几次后也许能勉强完成，但我敢保证，只要正常跟我聊上一分钟，你就难以将号码复述出来了。若是你将其转化为某种规律进行记忆，相信第二天还能记得。

记忆其他事物也是一样，为了给予索引提取以便利性，我们便会在潜意识里将记忆修修剪剪，去掉难以归类的部分，补上无关紧要的缺失，使之更便于我们日后调用，但此时的记忆显然不是客观事实的反映了。我们的生活在不断继续，各种片段和情感作为杂质一直不停地在记忆库中游走和穿插，相信每更新一次，我们都将拥有新的记忆和新的故事。

这没有什么神奇的，因为我们是自己记忆的剪辑师，我们的使命就是创造一个“虚假但我们更愿意看到的所谓现实”，这个现实包括我们自己。

别装，
千万别装

不懂装懂

这个世上没有人是全知全能的，苏格拉底甚至说过：“我唯一所知的是自己一无所知。”

这句颇具哲学味道的话，要理解也不难。首先，我们作为人这种生物，知识肯定是有边界的。这个毋庸置疑，因为我们的精力和寿命都是有限的，而且极其有限，这就注定了我们每个人不管拥有多少知识，在人类的知识宝库内永远只能是沧海一粟。其次，我们现有的知识会随着我们对这个世界的认知更迭而不断翻新，上一秒我们所信仰的绝对真理到了下一秒可能就变得荒诞不经。因此，我们不仅学不完知识，也并不拥有绝对正确的知识。

如此看来，假如随便抛出一个知识，“不懂”应该是常态，而“懂”才是非常态，但是显然，绝大部分人并没有这个意识。

不信的话，你可以环顾周围，包括你自己，是不是都有不懂装懂的时候？其实你也并不孤独，事实上，每个人或多或少都有不懂装懂的倾向。有时我们能察觉，有时不能，这是由于刻意和非刻意的区别。

非刻意的不懂装懂是自我认知上的巨大缺陷，就是非但我不知道，而且我竟然不知道我不知道，这是个很要命的事情。不要以为“装”这个词只是主观故意，有些“装”是不经意间流露出来的。

比如我常常遇到这样的事情，在讨论一个学术话题时，总有些人喜欢把概念、术语来一个大杂烩，把明明能用人话讲明白的事儿搞复杂，但内行一听就是胡扯。你要说他刻意扮高深吧，也不尽然。我曾经“采访”过几位，他们真的认为那些概念就是他们自己认为的那个意思，所以这就很可怕，很多人的“装”竟然不是故意的。这种状况的根源在于过度自信，习惯于把一知半解的东西拿来拼凑，并立马真心认为自己懂了。这是思维方式的问题，很难纠正过来。

刻意的不懂装懂就好一些。有人说，刻意怎么还能好呢？是的，因为“刻意”这种心理本身就证明了他的内心深处是知道自己不懂的，心里默认了。只是嘴上不承认，至少证明他在认知习惯上没毛病，病是可以治的。

在这里我可以分享一个自己小时候的故事。我念书的时候成绩还算不错，有一次，老师在课堂上问了一个很简单的问题，几乎全班同学都举手了，但恰好我不会。

在我当时的印象中，老师一直是这样的一种生物，你越是不会，他就越是会让你站起来出丑。这时你会怎么做？相信你跟我想的一样，那就是随大溜举手，毕竟大家都会的题，老师看起来没理由让成绩较好的学生来回答。但事实往往很“戏剧化”，老师就是点到我回答（事实上，也并不戏剧化，但凡侥幸逃过以后，就会继续这么干，按概率来说总会碰上的）。

我在万众瞩目下站了起来，用尽“平生所学”瞎说了一通，把“刻意地不懂装懂”发挥到了极致。当然结局是很悲惨的，我看上去比直接承认不懂要傻帽得多。一直到前几年，我将自己的心智模式整个洗了一遍之后，才渐渐地摆脱“不懂装懂”的尴尬，着实非常困难。

那么，无论我们是无意识地调整自己的思维模式，还是有意识地隐瞒事实，为什么我们总不愿意承认自己不懂呢？

因为我们对自己的评价总是构建在他人反馈的基础之上。

认清真实的自己

请用几个词语形容自己。

帅气（美丽）、邋遢、敏感、多情、富有激情、睿智、三分钟热度……你可以找到一长串的形容词。好的，问题来了，你是如何得到对自己的这些认知的？

很多人会突然蒙一下，然后说：“我当然了解自己是一个什么样的人。”那么，你真的是由内而外地认识自己吗？

我想对于大部分人来说，答案都是否定的，大部分人时时刻刻都在通过别人的评价认识自己。当周围人都说你漂亮时，你就会渐渐认为原来自己这样就叫漂亮；当所有人都夸你睿智时，你就很容易产生对自己的智慧过度自信的倾向。我们对自己的评价是应该随着生命的进程而不断动态修正的，但据我所知，很多人并没有“吾日三省吾身”的习惯，于是，就只能常常依靠外界的评价和态度来给自己画像。

有人会说，这不是大数据吗？通过大数据得出的结论，怎么都会比主观的自我评价来得更靠谱吧？大多数时候的确是这样的，但用在这里还真不是，因为我们的初始动机就已经偏离了“客观”。

每个人都有把自己塑造得更完美的倾向，于是，我们需要更漂亮的衣物，我们需要更强大的工具，我们需要化妆，需要美图秀秀，需要虚假的头衔。这一切不是为了给自己看，而是为了获得别人更好的评价，从而利用这些评价反向塑造大脑对自己的印象。

我们的动机就是用这些素材去“喂养”大脑，从而创造一个想象中的虚幻的自己。通过这样的大数据得出的结论，怎么会靠谱呢？

那么，我们该如何摆脱“装”这种看上去很刚需的行为呢？首先，我们需要认识到一件事情，那就是我们并不能通过“装”来提升自己的真实价值。我们只能概率性地通过这个行为来获得短期满足，接着就会有同等概率获得与之程度相当的挫败和羞辱。

物理学上的简谐运动是最简单也是最基本的机械振动，事实上，简谐运动的衍生体可适用于各个方面，例如，股票价格、投资收益、运动员的成绩等。这些都遵循了一个最基本的原理，叫均值回归。

均值回归，指的是无论是低于或高于真实价值的状态，都有向真实价值回归的趋势，其回归趋势的强度就类似于弹簧，偏离中心越远，强度就越大。

“装”这种行为也是一样的，每当你表现出来的价值高于自己的真实价值时，你都相当于在给弹簧加力。装得越狠，向真实价值回归的强度就越大。在你收获更多掌声的同时，出糗的可能性也同比增大。理由也很简单，你想要长期维持在一个远高于自己能力的状态，是不可能做到的。如果可以做到，那就不叫偏离了，而偏离的幅度越大，跟真实的反差越强烈，就越容易在不经意间暴露出真实。

当我们深刻地认识到“装”无益于提升自己，且终会带来同比的负面影响时，我想很多人就会放弃装，从而不得不正视真实的自己。

想想你为什么要依赖别人的评价，或者致力于满足他人的期待？这种取悦并不是为了别人，而是为了自己，无非是为了让自己对自己更满意而已。当你常常看到真实的自己，并接受真实的自己时，就自然没有必要再活在他人的意念之中了。

不装，有利于你在认清自己的道路上，迈出一大步。所以别装，千万别装。

道理我都懂，只是懒？

道理我都懂

最近几年，我们常常听到两句话：一句是“道理我都懂，只是懒”；另一句是它的变体，是“懂了这么多道理，依然过不好这一生”。

这听起来很让人沮丧，想来也是，懂了这么多道理，结果没什么用，该懒还是懒，提升不了行动力，自然也就改变不了人生的现状。我们常说格物致知很重要，不禁让人感叹，致知和明理究竟有何用处？

致知和明理自然是有用的，而且很有用，但判断有用和没用是有前提的，也就是你以为自己道理都懂，是不是真的懂？如果明明不懂却以为懂了，最终却怪罪于道理没用，这就有点无理取闹了吧。

你们可以问自己几个问题，判断某个道理自己是不是真懂、愿不愿意懂、值不值得懂的标志是什么。

很多人会说出五花八门的答案，在我看来，答案只有一个，就是你有没有按照“道理”所述去践行。如果你真的认为它有理，你愿意学习，也就是你真实地看得到它的好处，并且这个好处正是你要的，那你又怎么会不去践行呢？不去践行的原因要么是你并没有真懂，要么是你并不认为它一定能指向某个你想要的结果，要么是它带来的结果并不足够吸引你。

对一个正确的道理表现出懒惰，就是认知能力不足的体现。

我曾问过很多人：“你认为自己懒吗？”结果 90% 的人都这么认为。认为自己懒，说明自己认为自己能变得更好却不愿意变得更好。这里有两种情况，一种是对自己能力的高估，另一种是对自卑的保护。明确认识到自己懒却不愿意变得“不那么懒”，证明他们对于如何正确做事的认知模糊不清，并不清楚付出更多的成本能否带来更好的结果。所以选择懒的这个行为，本质上是看不到正确做事能带来的巨大好处。

我见过很多人拿懒当借口，就好像勤快了就能怎么样了似的。在我念大学的时候，暑假期间，有一些亲戚会把家中的小孩送到我家里点拨学习，很多人会在我了解小孩之前就说一番类似的开场白：“我家孩子啊，学习成绩一直不太好，不过老师们都夸他聪明，就是懒，不肯用功。”真的仅仅是懒的事儿吗？

有人说，不肯用功是孩子自制力不足。这的确是一方面，但自制力不足的本质不也是认知不足吗？因为认不清学习有什么用，或者看不到学习成绩跟未来自己想要的结果之间的强关联性，或根本不认为它们之间有强关联性，因此才会选择不用功。如果要把聪明这个概念扩展到广义，认知就是聪明的一部分。如果没有能力在既定的环境里做出正确的决定，那又怎么能算是聪明呢？

在这里我可以举一个很浅显的例子，假如有人开出一个亿的价码，让你每周坚持消化两本书，每天早晨 5 点起来跑步一小时，并从早上 7 点拼命工作到晚上 9 点，再进行一小时的深度思考，然后才能休息，只要你坚持 10 年，就把这一个亿给你。我相信很多人在这种回报的诱惑下，是可以坚持下来的。

假如这些事跟一个亿确实有着强关联，但现在并不跟你提前敲定这一个亿的合约，而是告诉你这样的道理，说这么干就肯定能挣大钱。相信 99% 的人就坚持不下来了，因为多数人的认知看不了这么远。当回报在某些人眼里不存在或不明显时，他们的动力就不足了，自然表现出懒的特性。但是在另一些人眼里，未来的回报却是清晰可见的，于是他们选择努力。现在你还能说，自己天生就是懒吗？懒并不是什么遮羞布，这恰恰体现了在认知上，你跟别人是有差距的。

懒惰、放纵、自制力不足，根源都在于认知能力受限。

告别懒惰

当我们说一件事在我们心里确实很重要，但就是不愿意动手去做，一直想改变这种状况又无从改变时，其实症结就在这里，我们对这件事情的认知有误，它可能并没有我们心目中想象的那么重要。

我跟大家一样，有时也会懒惰，也会拖延。比如今天本想去健身房，但给自己找个肌肉酸痛的借口，可能就不去了，但若是中午有重要的商务合作，哪怕是三九寒冬，我也会大清早就起床，早早考虑今天该穿什么衣服、讲什么话，并反复在心里复述。这不就不懒惰了吗？

因此，对某件具体的事情是否表现为行为上的懒惰，取决于你对该事的认知，而当你正确认识到该事的性质、风险、需要付出的努力以及努力后能得到的结果以后，则取决于这个经综合考量后的分数在你心目中的优先级。

优先级是个主观认定，有些人的阈值很低，对他来说，60 分的事情就值得他拼尽全力，而对于另一些人，可能 90 分的事情才值得他挪一挪屁股。那么针对阈值较高的这部分人群，如果想尽量能在动力还欠缺一点的事情上坚持下去，我会给以下四个建议。

学会分解任务

如果整个任务的完成期限较长、难度较大，那么分解就是一个必选项，否则就很容易失去玩下去的动力。分解任务有一个显而易见的好处，就是能自动将阶段性的目标提取出来，而当人获得阶段性成绩时，自然就会产生成就感，从而提供给自己一部分坚持下去的动力。

衍生任务未完成的间接后果

后果是客观存在的，但对它的判断却是主观的，每个人都能通过自己的大脑对它进行适度加工。比如你没有完成任务的直接后果是影响你所在的小团队的业绩，你可以在大脑中加工成：影响团队业绩就会连累直接领导，他可能会在老板面前丑化我，下次升职加薪没我的份儿，成为公司边缘人，被裁员……再想下去，你就会有动力将任务完成。

养成说断就断的习惯

很多人上来就告诉你一番大道理，说不要拖延、不能懒惰，然而与其刻意对大脑进行提醒，不如切实养成一个好习惯。养成习惯并非那么容易，它需要一个方法，叫“得寸进尺”。

明知道要将一项任务高质量地完成需要 4 个小时，我们如何改掉低效的完成模式呢？答案就是将单一任务的专注时间延长，用白话说就是，“要玩使劲玩，做事就好好做事”。这很难吗？是的，但一开始我们可以尽量将时间分配给玩乐，这就不会很难。最重要的是将习惯养成，保持娱乐时间与专注任务时间的分离，培养起界限感，然后通过“得寸进尺”，慢慢将玩乐时间缩减。

给自己唯一性的阶段奖赏

训练人的大脑和训练动物的大脑没有太大区别，都需要一些刺激。我们看到水族馆里，海豚表演转圈之后，饲养员就会给它们东西吃，表演鼓掌之后，又会给它们东西吃。人也是一样，一项任务经分解之后，本身的成就感如果无法给予你继续下去的刺激，就需要强行加之以边际效应递减较慢的刺激，并将此刺激在其余奖励方式中剔除，使这个具有唯一性的外加刺激同任务绑定。

如此，当你想获得这个特定刺激时，就只有完成特定任务的每一个小阶段这一个选项，这就将完成一个大任务这件需要意志力的事彻底转变成了获得刺激奖赏这样愿意自发去做的事。

没机会
真的怪不了
运气

机会与运气

机会是个好东西，不管我们年龄多大、什么身份、什么职业、有没有钱，我们都需要机会。

如果将一段不断上进的人生轨迹用线条来表示，那么它并不平滑，或许最接近的应该是下面这样的：

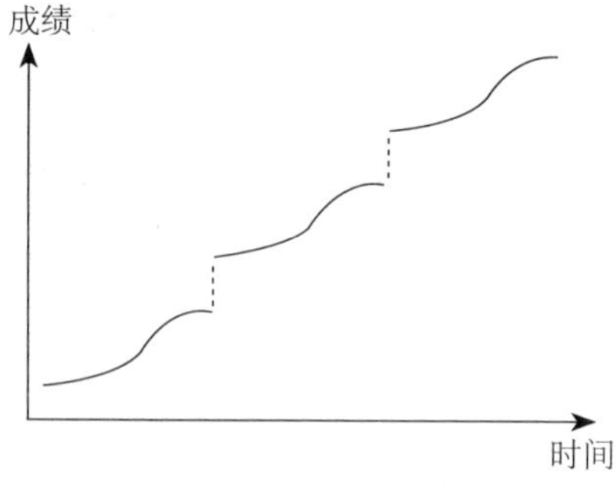

从第一条实线来看，一开始，随着时间的推移进步缓慢，积累到一定程度的时候，突然爆发式增长。紧接着，到了瓶颈期。有些人，这条实线就是他全部的人生轨迹，而另一些人，如上页图所示，有第二条、第三条乃至无数条实线。而连接着每条实线的虚线的头尾，也就是那些突然跳跃的断层点，就是每个人的机会点。

每当我们希望自己在某个层面更上一层楼的时候，我们就需要机会。不管是量变引起质变，还是突如其来的“好运”，都需要一个开启的条件。当这个条件降临的时候，我们才能取得飞跃式进展。

很多人在评价自己的碌碌无为时，通常会认为自己缺少机会，而周围有那么些人，却常常被各种机会垂青，走在路上都能被红包砸中脑袋。对于这样的人，你会羡慕，也会有点嫉妒，明明之前还是一起玩泥巴的小伙伴，为何他就总能才逢明主、马遇伯乐，而你就只能感慨怀才不遇？唯有偏安一隅，眼看着他渐行渐远，想上去扯扯后腿，却发现连手都不够长。

他的机会怎么就那么多？你不得不感叹时也命也，于是得出了“运气才是区别人生的关键”这样的宇宙级真理。

诚然，在你的人生轨迹中，没什么比运气更重要了。你的出生本身就是极大的运气，你是个打败了上亿个竞争对手的赢家，这才有机会降临在这世间，一窥这世界的斑斓。况且有个更加悲壮的事实是，那些与你竞争失败的对手至少曾经有过希望，而另外几十亿、上百亿的竞争对手，它们的一部分自一出来就被橡胶或卫生纸包裹，终其一生都不知道自己在做着无用功，这才是真正的悲剧。

这样的竞争是否太过残酷？很不幸，我们同样身处这样的世界。如果马云出生在战火纷飞时的阿富汗，他会不会成为阿富汗的商界大亨？如果泰森出生在原始部落，他会不会成为部落的领袖？也许你认为也有可能，但更大的可能是，他们很早就死了。如果不能在合适的时间降临在合适的地点，根本连参与竞争的机会都没有。

这些都是伟大的运气，是我们无法选择的运气，也是影响人生最大的运气。

那么这样的运气，是否就是人生的全部？对于那些无法入局者来说，是的！但对于那些有机会入局的玩家来说，却仅仅是一部分。

能读到这本书的，有能力上网的，也有接触基础教育的机会的人，恭喜你！虽然每个人的初始条件有别，但你显然已经进入到了入局者的行列之中，然而为什么机会总不降临到你的头上呢？很多时候，这就不关运气的事儿了，而是跟你自己有关。

什么，机会不是随机由运气抽取的吗？之所以你会有这样的疑惑，是因为你还不太理解机会是个什么玩意儿。

机会如何被开启

机会，指的是一定时间内迈向有利的可能。很多人认为机会是“机不可失、时不再来”，但事实是，这种“可能”我们随时随地都在碰到，只是我们在很多时候并没有满足开启它的条件。

我用一个简单的例子来说明，比如你想接触一位女神，恰好今天她跟你在同一间教室上课，这就是机会。只不过你很平凡，你的女神并没有注意到你。接着，老师让一位优秀的同学上台做即兴演讲，这也是机会。你有了被注视到的机会，只是你不够优秀，没有资格被请上台。如果你真的足够优秀被请上去演讲了，这又是一个机会，但由于你的其他吸引力不足，女神对你无感。

你看，机会一直存在，今天也有概率是一个你和女神一见钟情的好日子，可惜由于你没有满足条件，所以机会并没有被开启。因此，你可以清晰地看到这条脉络：你的自身条件—机会开启—达成目标。

看到了吗？如果把你换成一个优秀的高富帅，今天的结局可能迥然不同。机会这种东西根本就是无处不在的，只是每个人手上拥有的资源不一样、条件不一样，因此能开发出来的结果自然不同。如果你手上什么资源都没有，对不起！对你来说，机会当然长期处于休眠状态，就算你再等，它也不会主动出现在你家门外。就算出现在你家门外，它也不会敲你家的门。

机会不是从天上砸下来的，是靠你用资源自行开发出来的。

我曾通过音乐结识了一位好友，我们时常会凑在一起唱歌、弹琴。我们乐于将各种音乐进行改编，当改到一个好旋律的时候，常常能开心一整天。但我们之间还是有很大的区别，那就是在钢琴的技艺上，他属于精通，我属于三脚猫。然而这是我们曾经的区别，现在早已不是了。我们一起学的吉他，他的进度明显比我快得多，因为乐器相通。我们的基础是云泥之别，进步的速度差距也同样巨大。渐渐地，我对吉他失去了兴趣。有一次，他兴冲冲地跑过来对我说，用吉他写歌好像更方便，然后就即兴在草地上给我写了好几首，让我惊讶不已。

有些机会，真的不是砸到头上那么简单，从钢琴基础，到吉他入门，到快速写歌，这些条件环环相扣。我有没有这样的机会呢？当然一直有，但在同等努力的条件下，显然我要开启它就难得多。

每个机会其实都是靠一个个碎片拼出来的，没有前面积累的碎片，你就难以拼出下一个图形，而没有下一个图形当中的一块碎片，你自然也无法拼出下下个。

现在你对“老天没给我机会”这件事的认知有没有加深了一层？你不是没有机会，机会一直在那里，只是你没有满足开启它的条件而已。你就像一只无法停止爬行的小虫子，不停地用你的触角去触碰周围的各种机会。然而有时候，由于自己没有相应的触角，探测不到对应的机会；有时候，你发现自己有相应的触角，探测到了机会，却发现长度不够；等你努力长出了相应的足够长的触角，又发现由于不断前行，刚才的机会已经远去。于是，你只能继续前行。

然而这根长出来却已然错过“机会”的新触角是否就无用了呢？不，你迟早还会再用到它。你要相信，所有的触角最终都会被用到，有的可以单独使用，有的可以组合着用，只是时间问题。

因此，当你多一条触角前行时，不仅仅有可能接触到更多的机会，而且通过不同触角的排列组合，其实你能打开另一片天地。

先做起来

很多人问我："我如何能像你一样，一年之内在微信公众号里聚起 30 多万个粉丝？"我的建议通常只有四个字：先做起来。

通常在接收到这样的建议时，很多人会加问一句："不是说微信公众号的红利期已过了吗？我是不是已经没机会了？"

对于这样迷茫的状态，我表示理解，因为当我开始跨界进入新媒体领域的时候，同样有许多"好心人"告诫我："这里的野蛮生长期已过，没有机会了。何况你是零起步，跟在媒体领域浸淫了几十年、一开号就能有几千几万人关注的老司机们无法同场竞技。"

但我还是去做了，因为我充分理解什么是机会，以及如何获得机会。事实上，几乎没有一个领域是没有机会的，哪怕你现在看不到机会，不代表以后也看不到机会。如果用上一小节的比喻来形容，就是你还没有长出触角。没有触角，你又怎么能发现机会呢？

因此，对于任何一个看似没有机会的领域，我的建议都是，与其将时间浪费在原地踌躇和等待，不如先做起来试试。而很多人之所以不愿意先做起来，是由于他们喜欢用静态思维看待问题，总是认为在环境不变或环境变差的条件下，现在看不到机会就意味着以后也看不到机会，所以不想浪费时间。但他们节省下来的时间通常也没有用在更加有用的地方，大多数人宁愿白白浪费时间。

诚然，竞争肯定是越来越激烈的，但只要你的进步幅度跑赢竞争加剧的幅度，事情很显然就会变得越来越简单，而不会越来越难，这是个十分容易计算的数学题。

当你学习到一个新技能也好，将身材练得更棒也罢，总之无论在哪方面变得更好，都会直接让某些“意外好运”有更大的概率降临在你的头上。再想想，其实这真的是“好运”吗？这肯定是方法论啊。所以，以后可千万不要再说自己没机会了。先做起来，机会可能就会出现。

你不是不势利，只是想占便宜

承认自己势利

“势利”是一个委屈的词，之所以说它委屈，是因为它自诞生以来便被人为地附上贬义的色彩，而它本身描绘的却是一个真实的、人人都有的，并没有什么不好的状态，只是人出于“占便宜”的心理，将这种正常的状态“贬义化”了。这样，当别人羞于这样做，而自己这样做的时候，就能够轻松得利。

因此，人人都说势利不对。因为你要说它对，你就是势利的，于是就没人跟你玩儿了，之所以不跟你玩儿，是因为在你身上明确占不到便宜，而在别人身上，不那么明确。

在这里你看出了些什么？那就是我们嘴上说着势利不对，但行为上都在做着势利的事情。然而我在开篇就已经说了，大脑这个东西是会骗人的，你老说老说，结果一段时间以后，很可能它就信以为真了。如此，我们就从只想得利变成了真的“嫌弃”别人的势利。这就很危险，因为我们对别人的“合理”行为做出了错误的反应。

势利这个行为，哪怕从进化论的角度来看也是一样。不势利，就意味着在严酷的生存竞争中存活下来的概率更低，如此经过一代又一代的更迭与淘汰，我们自出生以来就自然携带了“势利基因”以适应环境的需要，因为我们都是“势利者”的后代。所以，也许我们无须大声说出“我就是势利”，但在内心深处一定要明白，我们每个人本就是生而势利。如果我们通过对自己的洗脑妄图让自己接受一个更“干净”的自己，只会在很多时候造成决策失误。

环顾一下你的周围，什么样的人最受欢迎？有钱人、有幽默感的人、老好人……如果要将他们归类，大致画像是“有正面资源或有潜在的正面资源可贡献”的人。他们之所以受欢迎，是因为人人都喜欢靠近这些“（潜在）正面资源”的拥有者，这意味着跟他们凑在一起得利的机会更大，或许是物质上的，或许是精神上的。

很多人不是看不到自己的行为，而是不愿意承认自己行为的目的。由于目的本身通常是“复合”的，因此人们总会将各种微不足道的切片目的拿出来当作借口，这样就可以堂而皇之地避免直视自己内心那些貌似“阴暗”的部分，这是很糟糕的。

我建议从今天开始，在自己的内心深处勇敢地承认自己的势利，因为更坦然地认识自己有助于你在重要关头不被世俗的道德压力绑缚，从而做出最有利于自己的选择。

正确地获取好人缘

势利是每个人刻入基因的天性，因此，我们会有倾向性地选择跟一些人相处，不跟另一些人相处。对于那些很多人愿意与之相处的人，我们一般说这个人的人缘好，依照上面的叙述，我想你应该很容易就能找出人缘好的关键，那就是拥有正面资源或潜在的正面资源。如果你也想成为一个人缘好的人，当然也需要这些。

不过，正如收入分为资产性收入和劳动性收入一样（我们会在第三章详述），人缘也是。你看很多有钱人，他从不请人吃饭，也不给人好处，但就是有一堆人围着他转。我把这类称为“资产性人缘”，他的好人缘建立在他有值得他人“图谋”的地方，所以哪怕他什么恩惠都不施，只要有潜在的收益期望存在，他的好人缘就会一直存在。

老好人的人缘也不错，但本质就有很大不同，他的好人缘建立在他能给人提供即时性的正面反馈。他从不得罪你，让你的心情很舒畅。你有个小忙只要开口，他也会尽心尽力。我把这类称为“劳动性人缘”。

劳动性人缘必须时刻维持在劳动状态，也就是得一直处于施恩状态。假如他从某一刻开始拒绝别人的请求，那么前期的积累就趋向于零。换言之，他的积累建立在“不断施恩”的沙堆上，看似垒了个金字塔，风一吹什么也剩不下。资产性人缘则要好得多，它与劳动性人缘之间的区别可以归纳为主动与被动：劳动性人缘在大部分情况下是被动的，受环境裹挟；而资产性人缘则拥有主动选择的权力，人人都想跟你建立关系、交换资源，且很多人会将自己的资源主动献上以示诚意。至于最终同谁“建交”，主动权一直握在你的手里。

然而，并非所有人都是一出生就带着光环拥有资产性人缘的，绝大多数人还是得通过不断积累，才能一点一点建立起对他人的吸引力。而在我们自身吸引力不足的状态下，就不得不通过积累大量的劳动性人缘，让自己更有安全感。为什么会更有安全感呢？这有点类似于佛家的“广结善缘”，我们付出的劳动越多，才能有越大的概率获得一些回报。显然这样的策略是比较被动和低效的，但在一无所有的时候，我们别无选择。

有些读者可能会有疑惑：“我明白了资产性人缘和劳动性人缘，对于比我价值低的人，我自然是拥有资产性人缘，可以有主动选择权；但对于价值比我高的人，我该选择主动为他提供‘劳动’，还是默默提升，直到可以与其平等交流呢？”

这就得看你们的差距有多大了。如果你们之间的差距过大，你主动提供“劳动”的意义就不是很大，无论你是想跟对方进行单次还是多次交换，对方都几乎不可能回报你，因为对方没有同你进行交换或建立联系的必要。这样，你的单位时间利用率就会非常低，近乎零。

因此，当我们主动提供“劳动”的时候，在多数情况下，是表明我们想建立长期交换关系的姿态，但这个策略仅在你与对方差距并不是那么大的情况下方可使用。在此之前，请先埋头积累。如果你想在积累的同时通过“建交”来获利，可先将你的目标转向与你对等或略胜于你的那个群体。

通过以上的种种分析，你可以清楚地看到“势利”是贯穿绝大多数人类行为的始终的。哪怕我们平时并不认为自己在做着势利的事，其实也只是我们对自己的真实目的认识不清而已，于是有意或无意地造成了对自己的误解。

第二章

成为一个睿智的人：

重新认识知识

知识不是无用，是你不会用

前几年，知识无用论盛行一时，很多人都把“造原子弹的不如卖茶叶蛋的”奉为圭臬，并举出大量没有读过书却获得成功的例子，这都是对知识认识的一种偏差。什么是知识，是不是只有教科书里教的才是知识？在学习了本章之后，你会对“知识”这个概念有一个更系统的了解，以及学会在网络时代，如何用更好的方式将自己的知识变现。

突围方向

本章会跟大家详细介绍什么是知识，什么样的知识值得我们学习，什么样的知识在时间有限的情况下，不是那么值得我们学习，我们该如何去打造属于自己的知识体系，提高自己的知识等级。

很多人感叹自己怀才不遇，其实在更多时候，我们该反省一下自己怀的“才”，是不是别人需要的“才”。只要你的知识价值足够稀缺，有足够多的受众，那么只需连上网络，选择合适的变现模式，就不可能怀才不遇。

认知清单：

• 知识必须同时满足以下三个条件：客观的，能被验证的，相对正确的。

• 知识分为四个层次：信息知识，加工知识，体系知识，智慧。

• 将有限的时间优先用于对有效知识的学习。

• 系统阅读和碎片化阅读是可以相互兼容并存的，重要的是能否找到可以在两者中取得各自优势的方法。

• 完善自己的元知识是打造知识体系的关键。

• 深度思考的目的在于修正和完善元知识，而非单单往上造东西。

• 坚持学习有一系列方法可循。

• 知识变现需要找到最适合自己的点，虽然每个人的工作都是知识变现的过程，但并非每个人都能找到最优解。

• 在边际接近零的领域，数量比单价重要得多。

谁说学生只要读书就行了

究竟什么才叫知识

知识，是人类认识世界的成果。

这个说法似乎很宽泛，在此我将其分解出来。能称得上知识的，必须同时满足以下三个条件：客观的，能被验证的，相对正确的。

“客观的”很好理解，知识是不以人们的主观意志为转移的，不以拥有共识的人数多少为转移，知识就是知识，人们相信它与否并不妨碍客观世界的运行。

“能被验证的”这一点可能很多人会有疑问：“很多不能被验证的并不代表永远不能被验证，可能是暂时还未具备验证它的能力啊。”的确是这样的，那些未能被验证的诸如满天神佛、阴阳五行之类，在自己的框架里也能自圆其说，但对不起，知识并不是猜测。也许未来，某些猜测真的会成为知识的一部分，但在被切实验证之前，它们依然不能算作知识。

“相对正确的”，这就表明知识是可证伪的。有人会说：“知识不该是绝对正确的吗？”当然不是，任何正确的东西都是建立在某个框架之上的，比如现有的科学水平，当框架本身发生了变化，原来正确的东西当然就不正确了。知识，只能随着人类认识世界的深入而被不断修正，但只要人类的探索还在继续，就只能说相对正确、现有正确。

所有同时符合这几个特征的人类认识世界的成果，都叫作知识。知识的定义是如此宽泛，或许是一种思想，或许是一种技能，又或许是一种方法论。然而在很多人的心里，学知识依然等同于去学校上课，读书也不是广泛意义上的读书，而是读规定的书。当他们认为自己真正意义上相信“知识就是力量”“知识就是财富”的时候，其实他们的潜台词是“高分就是高等学府的通行证”，以及“高等学府就是高薪的象征”。

这种认知非常狭隘，因为知识的面是无穷的。当你真正信仰“知识就是财富”的时候，你就该知道，任何维度上的有效知识只要找对了合适的变现路径，就能转化成财富。因此，很多人并不真的认为知识就是财富，他们求学也不是为了求知，而是别人给他们画了一条由此及彼的路，他们就顺着往下走而已。若是将知识换成迷信，这些人同样趋之若鹜。

知识有多少层次

很多人说，学习就是学生的主业，这话正确，但正确并不是因为学习教科书是学生的主业，而是因为学习是所有人的主业，学习教科书只是学生的一个学习标的而已。它重要，但没有很多人想象中那么重要。

人生有无穷多个维度，这是个基础认知，而针对规定书目的学习，只是某个人生阶段中的某个切片而已。在这个人生阶段，一定会有一些同等甚至更为重要的东西。它们的影响可能更为隐蔽，甚至在你用到它们的时候都不觉得是由于你在之前有一些看似无关紧要的积累。

所以我们会看到那些在学校里学习成绩最好的学生，并不一定是未来最有出息的，因为学校和社会完全是两种竞争模式。

学校里的竞争更类似于标准跑道上的赛跑，裁判一声令响，大家同一时间出发，顺着规定的跑道，谁先到终点谁赢，非常简单。而社会上的竞争则更类似于定向越野跑，告诉你起点和终点，你自己选择最合适的路去走。你可以走大路，也可以抄小路，还可以翻山。管你用什么方法，先到者胜。更有甚者，连跑都不跑，直接坐车就走，只要裁判没看到就行。

学校里的竞争统一考勤、统一休息，而社会上的竞争则自由得多，没人告诉你该早自习了，没人告诉你今天上的是语文还是数学。你可以自由安排你的时间，也可以自由安排你的方向。所以这完全是两种模式，需要的知识也天差地别，没什么可比性。

教科书里能学到的知识其实是极其有限的，但人们往往会高估，尤其是在那些自己在校园里求学时间并不长，或自己的知识储备比较匮乏的人眼里，会高估得特别厉害。他们通常认为学历就代表知识，学府排名就代表拥有的知识排名。因此，博士生肯定比硕士生更有知识，清华毕业的人肯定比南开毕业的人更有知识，而且他们认为的知识通常是全类知识。基于这种错误认知，现实常常会让他们不解，最常见的疑问就是：

"你不是大学生吗，这个字也不认识？"

"你不是学计算机的吗，这点电脑问题都搞不定？"

"你不是清华大学的吗，怎么连奥数题也做不出？"

……

之所以会有这样的疑问，是由于他们不清楚知识的繁复，总以为念了十几年书就跟把一根装满各类知识的记忆棒插进了脑子里一样，突然变得无所不知。这是对学校的误解，也是对知识的误解。

更可怕的是他们还会惊讶地说："你都读到博士了，这点道理都不懂？"这就是更深层次的误解了，因为学校里基本上是不教道理的，尤其是上层学历。很多关于高层次知识的修行都不是靠学历可以解决的，因为没人教，也没法教。

这么说，知识也分层次吗？当然，知识分为好几个层次，越往上就越不容易获取。如果我用一个金字塔来表示知识的层次，大致是下图这样的：

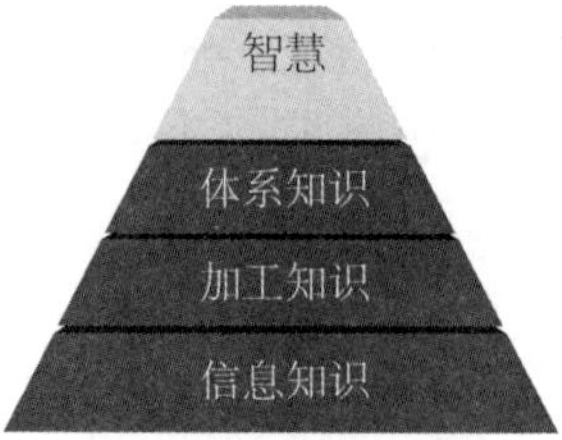

处于底层的知识是最基础的信息知识，就是我们从外界直接摄取来的那部分信息，包括从学校教科书里直接得来的知识，很多人对知识的认知就停留在这一层了。

往上数第二层知识叫加工知识，这里的知识是你通过将外界摄取的信息进行加工得来的，比如你接收到了“一屋不扫，何以扫天下”这样的信息，开始对其进行加工。在大量思考过后，发现不扫一屋跟不能扫天下根本没有什么关联，不做小事就无法做大事的前提是得看彼此之间的关联性是不是够强，而不是一棍子打死。你得出这样的知识就已经跟你最初接收到的信息有很大的不同了。在融入了自己的思考和创造之后，加工知识是真正属于你自己的知识。

往上数第三层知识叫体系知识，体系知识就更不容易了，一个人必须在某个领域拥有足够多的加工知识，并有能力将它们有机地捏合成一个整体，形成一个系统、一种理论，方能说这个人在这个领域拥有自己的体系知识。注意，这里有两个要点：一个是这些知识彼此之间是有强关联的，属于同一个系统，并不是零散的；另一个是组合起体系知识的并非是东拼西凑的别人的口水，而是大量的加工知识，是自己的知识。

最高一层，也是最难得到的，就是智慧了。甚至很少有人会把智慧称为知识，因为它已经成为一种指导行为的反应。它可能并不像下面几层知识那么具体，但它却是真真正正的由大量体系知识搭建起来的。至于把什么和什么搭在一起、怎么搭，都只有靠自己才能完成。这就是我说的，高层次知识的修行不是靠学历可以解决的原因了，因为智慧只有自下而上，而不能由他人自上而下传授。他人能传授给你的任何东西，对你来说都只是最底层的信息。然而很多对知识不了解的人，经常会把最底层的信息当作知识的最高表现形式，比如知道某个字怎么念就觉得特别有学问，对真正的智慧却视而不见，实在是舍本逐末。

摄入
有效知识的
正确姿势

并非所有的知识都同等重要

按照知识在脑子里形成的难易程度，我们把知识分为四个层次：信息知识、加工知识、体系知识和智慧。为什么这么分呢？也是有原因的。因为获取现成的知识是最简单的，最多是途径上的困难，但接触和复刻并不是真正的难点。因此，我们的判断依据是知识的高低层次由“自我附加值”的多少来决定。

为什么自我附加值这么重要呢？因为我们在纯粹接收到任何知识的时候，都不可能完全体会知识背后的真正含义。原因也很简单，知识分为外部接收和内部创造两种，当你通过自我体悟进行内部创造时，这时候的知识对你来说是完整的。但当你将结论或者哪怕是你的推演过程告知他人时，他人接收到的信息必定是不完整的。于是，这种信息里不管包含了多少智慧，对他人来说，它依然只是个价值不大的底层信息。只有他利用自己的内生系统对你的结论进行一番判断，并结合了自己的内部创造以后，对他来说，信息的价值才会提升。

这也是为什么我们待在学校里的年头越来越长，因为人类的知识总量在迅速膨胀。当牛顿历经长年累月的研究，最后告诉我们天体运行的规律是 A 的时候，于我们而言，这个知识依然是底层的。若是我们直接接受，其实价值并不大，顶多拿来吹牛。我们需要先形成足以判断之所以 A 会是 A 的基础系统知识，才有能力在其上面添加自身的附加值。虽然随着技术进步，这个过程会缩短，但毫无疑问并不会比知识膨胀的速度快。于是，在知识一键植入的技术未能大规模普及的前提下，完成基础教育的时间越来越长是一个必然趋势。

那么，是不是知识和知识之间只有层次的差别呢？不！我们对于基础信息的筛选也非常重要。这有点像下厨，当然厨艺更高的人做出来的菜味道更好，但原材料的差别，也会让双方处于不同的起点。

不管我们愿不愿意承认，知识除了分层次之外，在同一层也是有天壤之别的，比如我们直接摄入的基础信息知识里，有效程度也有差别。

有些知识是孤立的，无法或者很难跟其他知识产生“化学反应”，比如伊丽莎白二世的全名是什么、《新华字典》第 68 页的第三个字是什么。你说这些不是知识吗？当然是知识！你说这些知识无效吗？也不能这么说。你只能说，这些相对比较孤立的知识是“次有效知识”。我们曾经在很多看似高端的电视节目里都看到过关于“次有效知识”的比拼，其实这是毫无意义的行为，知识的广度和貌似丰富的程度跟有效程度是完全不同的概念。

有效知识和次有效知识的差别就在于知识本身的联结点数量和可应用的范围。有效知识本身可以引发进一步思考，还能通过与其他知识的联结，改变其他知识或孕育出新知识，而次有效知识就极少能干这些事。

因此，当我们摄入基础信息知识的时候，要注意多摄入有效知识。次有效知识由于其孤立性，出现的频次不高，寻找的难度较大，同时也较难记忆，于是，看上去好像更厉害，但这种炫耀为先的学习目的正是我们该竭力避免的。

系统阅读与碎片化阅读

从外部摄取知识的方法有很多，实践当然也是，不过最便捷、最常见的方式还是阅读，因为阅读是获取高质量底层信息的主要方式。

阅读分为系统阅读和碎片化阅读，系统阅读一般指的是阅读系统书籍的行为，当然也有可能是尚未成书的。如果从知识的分类来看，阅读的至少是“体系知识”。比如你现在正在阅读这本书，就是系统阅读，全书有一个鲜明的主题，里面每一章的知识都自成体系，每一章里的小节与小节之间又紧密关联。

碎片化阅读则不然，这种阅读方式阅读的并不是那些长篇累牍的系统书籍，而是某些知识碎片，这些知识碎片没有形成体系，可能只是某个结论、某个观点。这种碎片化阅读是针对阅读对象的，并不管你花多少连续时间在上面，比如阅读绝大多数微信公众号里的文章。

这里需要注意的是，很多人会把系统阅读和碎片化阅读的区别理解为阅读时间的长短，以为长时间的阅读就叫系统阅读，插空的短时间阅读就叫碎片化阅读，这是不正确的。系统阅读和碎片化阅读是按阅读对象来分的，而不关乎每一段阅读时间的长短。只要你在一段时间内阅读的内容是成体系的，就是系统阅读。

从历年的《全国国民阅读调查报告》来看，中国人的年人均读书量一直是非常少的，长年处于个位数，位于世界下游，这个时候我们说的一般就是阅读系统书籍的数量。

系统阅读当然有其好处，比如你读下一章节关于“金钱”的认知，一共能有几十页。从金钱的定义到我们的错误观念，再到我们的错误行动，然后告诉你为什么是错误的，怎样才是正确的观念和行动。全章读完，你可能会对金钱有一个全新的认知，对挣钱这件事有了明确的方向，甚至可以帮助你改掉很多坏毛病，而不仅仅是更新了你关于某个东西或者某件事的看法。

如果我把这整本书，甚至往里再加点杂谈类内容都拆成小篇幅的文章，分成几年打乱顺序让你看完呢？也许你就会看了前面忘了后面，在看的时候点头称是，看完以后什么习惯也养不成，也难以在脑子里聚合起体系化的知识。

不过系统阅读也不总是好的，系统阅读的弊端在于大多数时候都是需要大块时间的，因为每更新一个概念所花费的篇幅更大一些，跟其他知识点的联系更加紧密一些。于是，你的每一次系统阅读的开始就先要在脑中整理相关知识，才能接着往自己的体系里加东西。一般来说，用小块时间是干不了的，因为通常还没看几页，时间就到了，且由于没有充足的后续时间对系统性知识进行归纳整理，学习的效果也会很差。

这些缺点却恰恰是碎片化阅读的优点。碎片化阅读的文章一般篇幅不长，且阅读的主题之间没有多大的连续性。因此，随时开始、随时结束的特点，使得我们能有效地将碎片时间利用起来。毕竟，每个人每天都是有很多碎片时间的。如果能加以有效利用，长年累月下来，也不是个小数目。

但碎片化阅读的缺点同样很明显，适合碎片化阅读的主题通常深度不够，要么是主题深度足够，但讲得深度不够，或者知识与知识之间缺乏相关性和连续性。哪怕是所谓的“干货”文，我们也只能在这些内容里看到大量的条目式和标题式的东西，不足以让缺乏相关知识背景的普通人真正将有效知识融入自己的知识体系。还容易因为思辨时间和能力的不足，往自己的脑子里加入很多毒概念、伪概念。所以随着碎片化阅读变得越来越便捷，你会发现很多人好像什么都懂一点，但要真问两句，可能什么都不是真懂，这就是现有框架下大量碎片化阅读的后遗症。

那么，碎片化阅读是不是邪门功夫，不该被采用呢？那倒不是，碎片化阅读是真真切切地提高了阅读效率，这几乎能肯定是未来发展的方向。当一个提升效率的东西同时带来“副作用”的时候，我们要做的肯定不是将副作用和效率一棍子打死，而是解决副作用的问题就好。

因此，我们就需要一些能力，能够从碎片化的知识中迅速抽离出我们需要的东西。也就是说，我们需要先建立起自己关于判断知识的知识体系。首先，能分辨出哪些能要、哪些不能要。其次，针对自己要的东西，补齐相关需要的背景知识，将碎片化阅读变成我们建立每一个知识体系的入口，从碎片化阅读起步，从而顺利过渡到系统阅读。这才是将系统阅读和碎片化阅读的优点进行有机结合的高效方式。

出于同样的目的，我尝试做了一个叫“蚂蚁私塾”的公众号产品，就充分地将系统阅读和碎片化阅读结合了起来，为的就是让每位读者在不降低阅读效率的前提下，能够用碎片时间去阅读碎片化的系统书籍，还能成功接收到有效的系统知识。我想，这种高效的阅读方式应该就是未来快速建立知识体系的主流。

打造
知识体系
需要笨办法

完善你的“元知识”

很多人看到“元知识”会一头雾水，这是什么？

不过就算没有听过这个名词，很多人应该是听过“元认知”的。所谓元认知，就是认知的认知，它包括所有对于认知的认识，以及对认知的控制与调节。

知道了这个以后，再理解元知识就容易多了。同理，元知识是组成知识本身的更基础的知识，以及控制与调节知识的知识。简单来说，就是要得出 A 知识，首先要掌握哪些 B 知识，以及从 B 到 A 的算法是什么。

元知识是更底层的基础和算法，要打造相对更为正确的知识体系，就必须从自己的元知识系统开始武装。道理也很明显，底层若是不正确，上层基本就没什么意义了。所以这就是为什么今后先碎片化阅读，后将碎片化阅读过渡到系统阅读这样的方式会成为主流。前者提高效率，后者夯实元知识，以及检验元知识是否有误，从而不被某些毫无逻辑的碎片化阅读内容误导。

那么，既然元知识如此重要，我们究竟该如何完善自己的元知识呢？

答案很简单，就是坚持用科学、辩证和逻辑的思维来往自己的脑子里加东西。同时，遇到跟自己现有知识体系不符的东西能用客观、理性和思辨的态度去对待。这个答案虽简单，但做到却很难。不信？你都不需要环顾周围，仔细回顾自己平时是怎么做的就行。我还可以给你一个身边的真实例子，这样的人比比皆是。

我有一位朋友，特别相信命格之类的东西，一遇有重大决定就会去相应的书里翻查到底该怎么做，但有时书里又写得模棱两可，怎么办呢？朋友就会按照自己对书中批示的理解选择对应的做法。等事情结束以后，根据事情的结果在该书里写下批注，以便“深刻”解构书中那模棱两可的表达中蕴含的“真正含义”。朋友将这一整个过程叫作“悟”，自信将这些书悟透了，便参透了天机，无往而不利。每每有人提及此乃迷信之时，朋友便会用一句经典的话回应：“科学也不是什么事都能解释得了的，你怎么知道是迷信，还是天机呢？”

这个例子从头看到尾，你可能知道他是不正确的，不过是否看得出哪里不正确呢？

说句公道话，他的学习态度不可谓不端正，而且还有自己的测试方法，比起很多人来似乎已经“科学”多了。然而，这样的做法却从根本上便出现了问题，那就是他将现实中的结果同书中的“预言”去逆向地一一对应，从而试图剖解出预言的“真正含义”。在这个过程中，他已经给自己埋了一个前提，那就是书里说的肯定是正确的，区别只是自己理解得是否到位而已。

这就有大问题了，因为他笃信书是不会出错的，出错的只会是解释的人。于是就算下次发生同样的事情，他用同样的做法得到了不同的结果，他也不会怀疑书的正确性，而只会去找个理由调整批注解释给自己听，这跟掩耳盗铃其实并没有什么分别。

所以当元知识出了问题，不管你用看起来多么正确的方式，推导出来的结论几乎肯定是有问题的，遑论你以此建造起来的知识体系。

知识大厦的建造和科学之塔的累积一样，不求快，但求稳。先将自己的元知识一点一点变得更为正确，像做手术一样小心翼翼地清洗自己的大脑，然后用左右互搏的方式去看待每一个问题，并将有用的东西慢慢地、再慢慢地加入你的自有概念，让它们逐渐形成一个粗浅的小体系。

很多人可能会对“左右互搏”的概念存有疑惑，其实这是一个避免“证实偏差”的手段。每当你有了一个偏向之后，最好转向相反立场，如此循环往复几次之后，每一件事情的本质才能慢慢浮出水面。于是，你的知识体系里的内容才会“尽量正确”。

如果你在日常生活中养成了这样的思考习惯，当有了一定的基础打底之后，就会更有能力，也能更加快速地判断哪些知识是你该深入挖掘、能拿来给你的知识体系添砖加瓦的，哪些是一眼就知道无须再浪费时间去了解的了。

学会深度思考

深度思考是一种很特殊的能力，要说能用它来吃饭还挺难的，因为它无法作为一项独立的技能去换取价值，但它又切实影响着我们的各项能力，所以算是一项非常重要又容易被人忽视的能力。

很多人问过我："如何才能做到深度思考？"这个问题有两层意思：一是他们本身还没能经常性地做到深度思考；二是这么问这个问题果然印证了前面这一层意思。因为但凡有过一点点自己的深度思考，再结合搜索引擎的内容，多少也能问出点更具体的内容，提问这件事也见水平。

深度思考这种能力说难不难、说易不易，对于某些对追求事物的本质和真相有一些执念的人来说，深度思考更像是一种精神，不用学就会，是一种自发进行的过程。而对于某些并没有这种执念的人来说，深度思考则是一种需要刻意养成的习惯，非常困难。没有重大利益持续吸引则无法坚持，理由是它本身并不给予即时刺激和回馈，甚至当它回馈你的时候，你都不一定能感觉到。

要学会深度思考，首先得弄明白深度思考的目的。深度思考最主要的目的是给自己的知识体系添砖加瓦吗？并不是。元知识是底层的基础和算法，是构建知识体系的基石，而深度思考则是对元知识这种底层算法的测试和修正的过程。

元知识决定了知识大厦的有效性，若是元知识有误，那么往上加的东西越多，只会错得越离谱。深度思考主要是一个发现错误、发现矛盾，并及时修正元知识的过程，而非完全顺着脑子里原有的条条框框深化固有知识的过程。注意，这句话不代表深度思考就不能往原有的知识体系里加东西了，但应该非常警惕，用本质化和逻辑化思考的方式去测试元知识的正确程度。为什么是这样，为什么不是那样，逻辑上有没有毛病，它本来该是什么样……当发现矛盾的时候，用最基础的学科，比如逻辑学、哲学、数学等学科的知识去检验到底怎样才是正确的，而不是用一些心理学、社会学等概念去判断。

深度思考是人人都该掌握的能力，它与你目前有多少知识储备几乎没有关联，也与你是不是某些领域的权威人士无关，甚至跟你的神经智力的关系都不是很大。很多看似聪明、看似很有知识的人，很多时候都不一定具有这种能力。就算具有这种能力，也根本不知道怎么用，而是只知道在自己固有的知识框架中进行排他性思考。于是，你看到他们可能会有很多著作，可能会出席很多讲座，但经常会说出蠢话，做出蠢事。

举个例子，很多人对一些迷信知识进行了非常多的思考，扩展了之前的理论体系，甚至成为所谓的“大师”。在很多人看来，这也算是深度思考，但其实并不是。

为什么会这样呢？因为他们只是在自己的知识框架里将大厦建得很高，却并没有检查过地基，比如我们中华民族就有相当一部分的传统文化，理论依据就完全是错误的，都是古人在对各种事物的认知水平相当低下的时候，根据经验穿凿附会出来的，却被某些没有深度思考能力的现代人奉为圭臬，当然这里我并不是指所有的传统文化。

打造正确的知识体系是一个慢过程，当我们只希望摒除“异己”，一味贪快时，那么这种深度思考就可能反而成了知识体系摇摇欲坠的帮凶。

分享、分享、再分享

打造属于自己的知识体系，是有一整套流程的。虽然这些步骤有时会有交叉，有时会同步进行，但大体的流程是这样的：先要通过深度思考不断完善自己的元知识，然后在此基础上分清哪些是我们需要的有效知识，哪些是次有效知识，并将需要的有效知识挑拣出来，接着提升有效知识的层次，将信息知识转化为加工知识，进一步打造成体系知识甚至是智慧。

这样就可以了吗？还不行，还得查漏补缺，把知识体系尽量补圆满了。虽然绝对圆满是不存在的，但我们可以尽量靠近。

不过查漏补缺有时候并不那么容易，哪怕你将“结构化思考”的能力运用得再好，也不太可能正向思考到所有的方面，因为很多事情并不是我们不愿意去改正，而是我们根本不知道自己有什么问题。因此，我们可能还需要一些逆向思考。

相比于正向思考的结构导向，逆向思考是问题导向的。碰到问题了，以现有知识体系解决起来有困难了，就知道还需要补充些什么了，所以在这个点上，能够发现问题才是关键。也就是说，你得先知道自己不知道什么，或是自己哪里有瑕疵，然后才能想办法解决。

那么如何更早更多地发现问题呢？有一个很笨但很有效的方法，就是不断地分享、分享、再分享。

很多人并不清楚，其实分享是最好的学习方法。

第一，分享是一件利己利人的事。我把好的思想或方法论分享给你，你多少有所得。反过来，也许你会提出一些不同的东西，触发我更多的思考。哪怕你并没有提出什么新见解，单单是我自己在分享的时候，也是一个对知识的自我记忆和强化的过程，依然是非常有好处的。

第二，分享是一件能倒逼你完善知识体系的事。很多人都有过这样的经历，当要做一次分享之前，就会特别主动认真地学习，原因就是怕出丑，分享的对象人数越多，学习效果就越好。

第三，每一次分享过后，将各类反馈进行归类和收集，就是一个非常好的查漏补缺的方式。因为随着你分享次数的增多，你会收集到各种各样的见解和问题，这就跟雇用了一批黑客帮你"捉虫"一样。现在你免费雇用了一大批的分享对象，帮你找出自己还需要往知识体系里添加些什么，或者原有的体系有什么逻辑问题，简直是太划算了。

知识体系的稳固是个长期的过程，这个过程离不开上面的各种"笨办法"，而只有持续践行这样的"笨办法"，你的知识体系才能更加接近正确和完整。

持续学习，为何你无法坚持下来

学习的动力

知识这个东西，仅知道怎么学是不够的，知道怎么学和有动力坚持学是完全不同的两码事。

学习在大多数时候都是讨人嫌的，因为很枯燥，尤其是系统性的学习，更加枯燥。但世上就是有那么些人，在明知道红烧肉更好吃的前提下，还是选择吃水煮青菜，结果就是他们的身材可能会更好，身体也相对更加健康。

他们的自我管理能力为何这么强，或者说他们的意志力源于哪里？有一个听起来很简单但很实在的答案，就是要有清晰的学习目标，并懂得行为和目标之间的关联。

《三国演义》里，曹操为了激励士气，对着已经渴得走不动道的将士们一本正经地瞎说道："前面有一大片梅林，又甜又酸，用来止渴再好不过。”将士们一听，口水直流，拼命行军，真的很快就看到了水源。这虽然只是“画个饼”，但也能看得出一个清晰的目标对于改善行为的作用。试想，如果曹操不画这个饼，大家蔫巴巴地上路，龟速行军，可能还没看到水源就会有很多老弱残兵归西了。

学习也是一样。很多人会在开年的时候为自己定下很多目标，然而如果有人将它写下来并保存到年终，就会发现能够有效执行的怕是寥寥无几。这种动力迅速衰退的现象在大多数人身上都能看到，关于懒惰的认知我们提到过，之所以我们会懈怠，最大的原因是认知能力不足，表现在学习上就是目标不够清晰，或者并不真正了解行为跟目标之间的关联。虽然大体上知道这么干有用，但可能并不必然有用，或者不这么干没准也有用。

持续学习的动力来源就在于对目标的认知，面对违背自己本性的事情，每个人都需要有一些动力，越确定自己要变成的那个样子是自己真正想要的，越确定自己正在做的行为能有效导向那个目标里的样子，那么我们的学习动力就会越足。

让收益可见

学习跟打游戏有些相似之处，比如都是任务制，但它们也有些不同。打游戏完成任务后的经验值获得是看得见的，多增加一个经验值，就能厉害一分，这是个线性可见的对应关系。学习则不然，不管你一时之间给自己塞下多少知识，看上去都没什么变化。也许你真的变得更好了，但由于收益反馈不即时，就很容易给人一种做无用功的感觉。

人是需要短期刺激的动物。如果让一个孩子坚持 5 分钟不动，就给他一块糖，那么他能坚持住。如果让一个孩子坚持 50 分钟不动，就给他 100 块糖，那么他可能最后一块也拿不到。

于是，解决的方案就得从收益的可见性和即时性入手。

要让收益即时可见，最简单的方式就是目标分解。大多数人在做事开始之初，由于没有积累，就进入不到快速增长的红利期，于是可能要花费 10 分力气才能有 3 分收益，但一旦上了轨道达到某个积累点之后就会迅速突破瓶颈，这时只需要 3 分甚至 1 分力气，就能有 9 分或者 10 分的收益。如果用图来表示，大体是下面这样的：

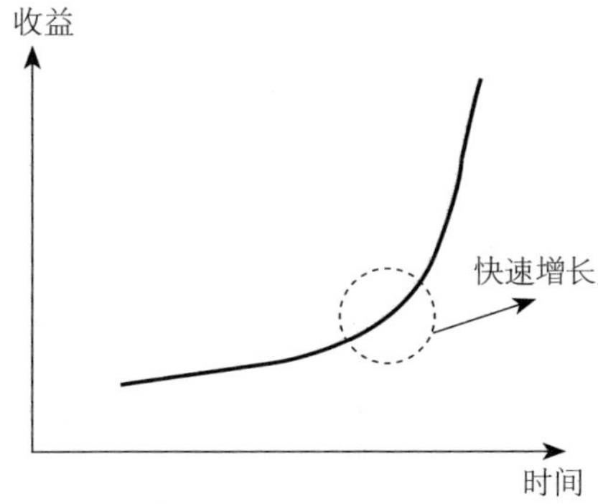

从图中可以看到，普通人在到达快速增长点之前，往往是过了很久都没有什么回报。这个时候我们很容易就会沮丧，进而放弃。

为了不至于半途而废，我们就需要找一些短期刺激来获取成就感。不管这些成就感是不是由我们自己创造出来的，总之我们的目的就是需要让自己足以感知到每一次微小的进步，这样就有理由说服自己接着往前走。

不过，仅是知道目标分解就可以了吗？肯定是不行的，目标分解的范围太大了，怎么分，分到什么程度，这些都是很有弹性的，我们还需要一些准则。

首先，我们很容易就能将自己的某个宏伟目标分为短期、中期和远期目标。这个不难，只要你画出一个大体的路线图就能完成。其次，我们可以把这些目标继续细分，比如中期目标是由若干短期目标组成的，远期目标是由若干中期目标组成的。再次，我们把自己缩小，将短期目标当成最初那个宏伟的目标。最后，再重复一次这个过程，直到什么程度呢？直到你的每一个小目标都是收益可见的短期目标为止。

这有什么好处呢？就像我们在玩角色扮演的游戏时一样，很多时候我们因为等级限制，做不下去任务，于是，不得不回到枯燥的打怪练级生涯。这时，游戏公司就用了这个小技巧，它不会让你打很久的怪才能继续下一个任务，否则很多人就没兴趣了，所以它给你的一定是一些收益可见的短期就能完成的目标，让你的每一次小努力都能开启一些新篇章或新玩法。

学习当然也可以借鉴游戏的设计模式，我们倦怠，我们不爱学习，很大程度上是由于学习带来的效果在短期内是不明显的。当你像玩游戏一样，看得到自己的每一点经验值上涨，也就是收益的量化较为确定的时候，我们就知道自己努力多久能达到什么样的程度，可以达成哪些阶段性的成就，这样我们的努力才会更有动力。

因此，分解目标请从分解成确定收益的短期目标开始。如果你分解出来的短期目标，达成以后是没收益的或者收益的确定性不太明显，那就得重新分、继续分，直到将自己的学习过程设计成游戏一样有吸引力为止。

学会正确计算价值

学习肯定能得到价值，这谁都知道。

那么当你看完这本书的时候能得到多少价值？可能很多读者回答不上来，也许有小部分人还会认为没价值，因为不会计算，也不知道如何计算。

正因为不懂得正确计算，再加上短时间内看上去确实并没有多大改变，就很容易认为学习没价值，于是，放弃似乎就成为很理所当然的选择。

其实学习是这样一件事，它跟搬砖不太一样，搬砖的工资是日结的，而学习可能是按年或者是更长时间后一次性结给你的。只有结到你手上的时候，你才知道，哦！原来是那个时候我学了这个。更有甚者，是已经结到了你的手上，你都不知道解决问题的关键是由于你运用了某些之前学到的思维方法。为什么感知不到？因为它已经成为你的一部分。

我以减肥举例，肥胖是人类的天敌，这是我们经历了长时期的物资短缺时代所致，我们的基因为了保命，肯定得设定一个容易将多余的能量转化为脂肪的机制。很多人会盯着模特的身材流口水，于是给自己设定一个每天跑 10 千米的目标，告诉自己，坚持三个月，我也能成为他！一天过去了，两天、三天……一周过去了，不仅双腿发软，看着自己的小肚腩也没有丝毫变小的趋势，于是往沙发上一躺，减肥之旅就这样结束了。

为什么会这样？因为我们不会正确计算价值。如果上帝告诉你，只要如此坚持三个月，你确实能瘦下 30 斤，那么大多数人应该都能坚持下来。为什么？因为这时候你开启的计算模式是这样的，90 天瘦 30 斤，那么每 3 天就能瘦 1 斤，于是你就不需要上秤了，只要每过 3 天告诉自己瘦了 1 斤，离更好的自己又更近一步就行了。

所以，当我们遇到那些“长期高回报”的事情时，就需要在心中创造一个虚拟的上帝，学会屏蔽模糊的感觉计算，开启精细化的计算模式。

比如，对一个坚持学习、坚持独立思考、坚持践行的人来说，10 年以后赚到 1000 万元是一件概率不小的事。于是你可以开启精细化计算模式，年薪 100 万元，仅一天就能有 3000 元，这样你就不会因为现在每月只能赚到 3000 元而认为学习没用，反正你告诉自己每过一天挣 3000 元就行了。时间一定会在进入上一节图中的“快速增长点”之后爆发式回报给你，这样学习的价值就很清晰了，足以在很长一段时间内给你提供足够的动力。

有人会说，赚到1000万元哪有那么容易？是的，允许怀疑，我只是给出一种计算方式，你当然可以将符合你的认知的其他事情、其他日子、其他金额替代进去。只要懂得什么样的事情该用什么方法计算就行了，很多时候哪怕账面收入暂时没有增加，这也并没有什么，你可以将这份钱想象成你帮自己开个户头暂存了起来，一定会有一次性取出的那一天。

知识不是无用，是你不会用

找到效率最高的变现点

很多人都在感慨，为什么自己学了这么多知识，都没有用武之地？于是，读书无用或者知识无用的想法自然就在他们的心中生根发芽。其实，按照我们前面对知识的分类来看，只要你的知识是有效知识，又经过自己的思考对知识进行了等级提升，那么几乎都是有用的。其实，还有比知识本身更为重要的东西，那就是寻找到知识最佳变现点的能力。

道理十分简单，一个人不可能不积累任何知识，但从知识本身到用知识提供价值，自然还有千万条路，找对属于你的变现价值最高的那条路，自然就是你能利用知识挣多少钱的关键。

当然，如果你学知识仅仅是为了精神享受，一点物质需求都没有，那么完全可以跳过这一节。但对多数人来说，知识除了能带来知识本身的满足感以外，若是顺道能用来改善物质生活，那自然是再好不过的了。

事实上，不管你获取知识的初衷是什么，哪怕你再不愿意用知识来赚钱（有这样的人），你也或多或少被卷入了知识变现。因为知识不仅仅有理论知识，还有实践知识，就算你的工作只是枯燥的流水线般的体力活，至少换个人来做也得熟悉一阵才能胜任，那么你不正是在用你自己的实践知识或者经验知识赚钱吗？

然而，这样的变现效率显然是太低了。知识与知识之间可以进行组合，很多时候几个简单的知识相互串联起来，就会有意想不到的组合效果出现，这就需要我们自己去寻找。知识每个人都有，或多或少，类型不同的区别而已，但变现模式，或者说好的变现模式，却不是人人都找得到的，这也是变现模式的重要性和难点高于知识本身的原因。不过知识组合也不是随意拿来就组，想要找到更高效的变现模式，主要看两点：

第一，别人是否能够在短时间内掌握你的知识变现模式。这表明你的知识是否稀缺，变现模式是否能被简单模仿。

第二，你的知识变现模式是否有足够广的受众。

通过检验这两点，如果你的变现点和变现模式里有只有你才能完成的高附加值，或者是只有包括你在内的少数人才能搞定的核心价值，而很多人又很需要这项服务，那么哪怕你的这项知识组合中的每个单项看上去并不那么值钱，组合起来以后也能成为较佳的变现模式。

比如你是一个教英语的老师，你的这项知识技能看上去并不值钱，只能领到一点微薄的工资收入，哪怕加上课外辅导，收入依然有限。如果你会写原创文章，这依然不是什么很牛的知识技能，会写原创文章的人千千万，绝大多数只能偶尔投投稿，根本挣不到钱。

如果你不去寻找更多的可能性，而将自己拥有的知识割裂开来，那么就永远找不到更好的知识变现模式。你可以试着将这两项知识技能给组合起来，开一个公众号，然后让学生和学生家长订阅并帮你传播。这时，知识技能的稀缺性就体现出来了。你可以接一点英语相关的广告，也许接上几个就能比教一年书的收入多。更有甚者，可以打造一个属于自己的品牌，建立起更大的在线课程平台，后面还有着无限的想象力。

所以，努力寻找自己现有知识的最佳变现模式，是比知识本身更为重要的事情。别等待，现在就拿起纸和笔把自己拥有的知识技能都列出来，然后看看能不能组合出什么有意思的职业，或者能不能创造出新的服务形式。

网络时代的知识变现

不管你卖的是什么东西，迟早都要面对这个问题："你是想卖得更贵，还是卖得更多？"

在网络时代以前，我们似乎没什么更好的选择。选择薄利多销的通常只是迫于同质化的竞争压力，一旦自己的商品或提供的服务有一点点差异化价值，我们可能马上就会选择提价，也就是选择卖得更贵。这也是没有办法的事情，因为地域限制，无论我们所处的地方看起来多么繁华，人流的天花板也是显而易见的。但是卖得再贵，终究也要跟区域的消费水平相一致，所以很容易就到达了价格的天花板。

不过自从有了网络之后就不太一样了。一位小有名气的网红教师，一场付费授课就能挣上万元。是他教得特别好吗？也许吧，但市场容量的大幅扩展才是关键。网络市场不是线下能比的，如果每人花一元就能获得自己想要的知识，大家都心甘情愿。若是有一万多人同时听课，可不就是上万元了嘛。这事儿要搁线下得多恐怖，一万多人同时听课，相当于开演唱会的排场。网络跟线下最大的区别就是“边际”，线下到了一定的规模，边际成本的增长就会非常快，而网络则趋近于零。无论是给一个人上课，还是给一万人上课，你都只需要做这些准备工作，你都只是这么讲课，多增加多少人都无须增加额外的成本。

所以针对网络边际趋近于零的特点，最好的知识变现模式是什么？以增加人数为主，以提升价格为辅的变现模式（不断降价直到继续降价也不怎么增加人数了为止），其中最有代表性的就是“影响力变现”。

只要你的某一个方面可以真实地聚拢一批人围绕在你的周围，那么就可以说你在这个方面拥有影响力。影响力的中心和聚在中心旁的个体之间是层级关系，越靠近中心的人层级越高。层级高有什么好处呢？不仅中心作为最高层级可以向其他层级的个体输出价值来获取经济利益，那些靠近中心的人也同样可以向更低层级的个体输出价值来获取经济利益，比如某些更靠近明星的粉丝团团长，他们也可以利用明星这个中心来向其他粉丝提供服务，也有自己的变现模式。

在影响力时代，我们的目的不再应该以单次收入为主，而是应该降低售价，让更多的人知道你能提供他们需要的价值。此时，扩散才是比一时的收入更为重要的事情，让更多的人长期聚拢在你这个价值中心的周围。

你可以想象一下，当基数大了之后，无论你提供多么普通的产品和服务，终究能找到有需要的人。虽然网络是去中心化的，但总会有那么一些结点，它们可以连接到更多的人，更像是去中心化结构中的中心。只要建立这样的中心，你的每一份知识价值都会被成百上千倍地放大，这才是网络时代知识的正确变现方式。

我们就是要先找到自己的影响力范围，然后找到最适合自己输出独特价值的点，以扩散而非挣钱为目标去向更多的人持续输出，努力成为这样的价值中心。

第三章

挣钱是一门手艺活：

重新认识金钱

我们该如何对待金钱

金钱，泛指货币，由一般等价物脱胎而来，是商品交换的媒介。我们说某个东西值钱，就是指这个东西可以换到较多的金钱数。对于金钱的作用，每个人都有自己的认知，但我敢保证，大多数人事实上并不真正知晓。这个世上绝大多数人都想挣更多的钱，他们背井离乡、起早贪黑、省吃俭用，但金钱就是与他们无缘。为什么？无他，只是对金钱和获得金钱不具备深刻的认知。本章着重讲对待金钱的正确态度，以及如何才能挣到更多的钱。

突围方向

要与金钱建立联系，首先要建立起对金钱的正确认知。不要抗拒它是第一步，其次认清自己对金钱的渴望程度，看到自己真正想要什么。如此才能进一步纠正那些对待金钱的错误方式，得到获取金钱的正确姿势。

我们很多人忽略了前几步，喜欢直接跳到最后一步。这样急功近利的思想最终导致学到的东西要么难以执行，要么不愿意执行。

认知清单：

• 人格决定钱格，金钱影响道德。

• 渴望程度决定努力程度，正确方向上的努力程度决定成绩。

• 花钱比省钱更符合道德标准。

• 无节制地省钱是错误的金钱观，无节制地花钱也一样。

• 在开源和节流产生冲突的时候，通常情况下，坚定地站在开源这一边。

• 不同种类的劳动，产生的价值当然是不同的，但考虑到边际，同种劳动产生的价值也是不同的。

• 不可替代性和稀缺性才是最大的价值，而金钱是这种价值的外在表现形式。

• 让别人挣到钱就是让自己挣到钱。

• 风险盈利并不等同于赌博，风险思维是一种策略，赌博思维是纯凭运气。

金钱是人性的放大器

钱格与人格

金钱，它的魔力来源于其作为一般等价物的特性，具有与其他任何商品进行等价交换的现实合法性。而现实世界中，绝大部分的东西本质上都是可交换的商品，包括有形的建筑、手机、杯子等，无形的服务、时间甚至是你的情绪，这盏几乎可以随心所欲满足欲望的阿拉丁神灯自然成为人人迷恋的对象。

金钱本是一件死物，但当人开始跟金钱打交道的时候，好像就活了起来。当你用它去点燃他人的希望之火时，每一个子儿都闪耀着希望。当你为了得到它而不惜伤害他人时，每一枚铜板又都散发着臭味。因此，就如人有人格一样，看上去似乎钱也有“钱格”，不是还有句街知巷闻的俗语吗——金钱是万恶之源。

那么金钱究竟是善还是恶呢？那就得看人用它来干什么了。

不管人与金钱的关系如何变化，可以肯定的一个事实是：金钱离开了人以后，是毫无意义的，它只是人用来换取商品和服务的中间态。人的目标是通过金钱换取商品和服务，从而得到自己想要的情绪体验。在这里，金钱仅仅是一个媒介，而很多人却错把媒介当成了目的。

所以，很多人在被生活的烦恼、痛苦蹂躏时，想当然地就认为金钱有问题，是金钱奴役了他们，金钱是他们不快乐的源头。但事实上，金钱却并没有改变任何事，金钱仅仅是一个人性的放大器。吴晓波说："金钱让人丧失的，无非是他原本就没有真正拥有的。而金钱让人拥有的，却是人并非与生俱有的从容和沉重。金钱会让深刻的人更深刻，让浅薄的人更浅薄。金钱可以改变人的一生，同样，人也可以改变金钱的颜色。"

虽说金钱无道德属性，但挣钱有，在自由市场下挣钱真的是一件很有道德的事情。甚至可以毫不夸张地说，自由竞争下，谁挣钱挣得越多，谁对社会的贡献就越大，这里虽然并没有严格的线性关系，因为还有风险等影响因素，但大体是这样的。

道理很简单，金钱是价值的外在表现。别人付你钱，是因为你向他们提供了价值，你的所得就是你提供的价值在当前市场中的单价乘以惠及的人群数量。于是，你帮助的人越多，你的帮助价值越大，那么你挣的钱自然也就越多。所以年轻人要建立起"挣钱就是帮人"的价值观，不要羞于谈钱，也不要耻于挣钱。

有钱人更有道德

道德，用一句话概括，就是一种以主流价值观为原料形成的规范社会人行为的共识，道德感则是执行道德的主观意志。我们常常用一个人是否具有道德感来判断这个人是否拥有良好的修养，是否值得交往，所以道德感是判断一个人品行的重要特质。

如果我说有钱人更有道德，可能很多人都不会认同。在他们听来，这无疑就是对他们既有认知的一种践踏。

“新世相”的一篇文章里提到美国康奈尔大学做过的一个调查，给毕业生提供两份工作：一份是给美国癌症协会做宣传，劝诫青少年不要吸烟；另一份是给烟草行业写广告，鼓励大家吸烟。结果 90% 的人选了前者。调查里还有一个问题：“第二份工作的工资要高到什么程度你们才会改变主意？”结果是，第二份工作要比第一份工作的工资高出 80%，人们才愿意选择。

人们往往会高估自己的道德水准，是因为没有赤裸裸的金钱放在面前。对于大部分参与调查的毕业生来说，他们的道德感价值就是比第一份工作高出 80% 的薪水。不过如果更换一个测试群体，让增加收入已无法改善生活品质的富豪们去接受这个测试，恐怕第二份工作的工资再高也难以打动他们。

所以，虽然道德感在每个人心目中的金钱价值各不相同，但它们都是可量化的，影响这个量化标准高低的一个是所受的教育，另一个是本身拥有的财富。

管仲在《管子·牧民》中有一句经典名言：“仓廪实而知礼

节，衣食足而知荣辱。”这句话深刻地阐述了一个人只有在保证拥有足够财富的基础上，才能更多地把心思放到礼节和荣辱上。穷人并非天生道德水准低下，而是他们受到的诱惑更多、更大，因而保持道德操守的难度相对也就更大。例如，路上随处可见的窨井盖，富人去偷的可能性极低，而对于身无分文的穷人，就容易在没人看见的时候，拿去换点钱。再如，眼看着前面的人从口袋里掉下 10 元钱，只要能解决温饱的，大都会选择拾金不昧，交还给失主，因为遵从道德带来的愉悦感受比 10 元钱更有价值。若换了一个衣不遮体、食不果腹的人，大概率会捡了就跑，因为对他来说，生存需要才是最重要的。

看到这里，就有人会提出异议：“难道有钱人就都是道德高尚之人？你没听说过‘为富不仁’这个词吗？”

这里就犯了一个逻辑错误，有钱人当然并非都是道德高尚之人。事实上，我们也看到过许多为富不仁之人。然而我们并没有证据证明，那些为富不仁之人，“为穷”后就会突然变仁了。因此，在金钱因素以外，道德感并不一定会因为他是富人或穷人而发生变化，但在金钱因素以内，富人背弃道德感的阈值确实会更高一些。

你对金钱远没有那么渴望

你对金钱的企图心

鉴于金钱的巨大作用，每个人多多少少都对金钱有一定的渴望，但每个人对于金钱的渴望程度是有着云泥之别的。在这里我给大家举两个例子。

前几年在网上有个视频特别火，叫《你究竟有多渴望成功》。

里面有一个年轻人问大师："我怎样才能像你一样成功？"大师说："如果你想知道，明天早上来海滩见我。"

第二天 4 点，年轻人去了。大师问他："你真的很想成功吗？"年轻人说："我真的很想。"于是大师让他径直往海里走，渐渐地，潮水没过了他的膝盖、他的腰、他的肩膀。大师依然在喊："再走远一些，再走远一些。"这时，潮水淹没了年轻人的嘴，大师这才示意他往回走。

大师问他："你真的想成功吗？"年轻人回答："是的！我真的很想、很想！"大师听完突然将他的头按进海里，随后提起来，又按进去，如此循环往复。就在年轻人快不行的时候，他对年轻人说："当你对成功的渴望能与此刻对呼吸的渴望相媲美时，你就会成功。"

这像不像鸡汤？可能很多人认为根本就是，但很遗憾，就算是鸡汤，那也是事实。当我们对事物进行判断的时候，该面对的是事物本身，而不是对鸡汤或者类似概念产生偏见。当你说自己很想挣钱的时候，是不是正躺在柔软的沙发里边看电视边修指甲？当你说很想挣钱的时候，是不是正跟朋友一起狂欢？当你说很想挣钱的时候，是不是正关掉闹钟准备睡个回笼觉？

对了！你可能不是真正地很想挣钱，你只是有点想，你对金钱的渴望比不上参加派对、比不上玩游戏、比不上看综艺节目，甚至比不上睡懒觉。你只想在不付出任何努力的前提下无条件获得金钱的青睐。

很多人都知道巴拉昂，法国的媒体大亨。1998 年，巴拉昂临终前在遗嘱上写了这样一段话："我曾是一个穷人，却是以一个富人的身份走进天堂的。我不想把我成为富人的秘诀带进天堂，现在秘诀锁在法兰西中央银行的一个保险箱内。谁若能通过回答'穷人最缺少的是什么'而猜中我的秘诀，他将能得到我的贺礼 100 万法郎。"

之后很多人陆续寄来了他们的答案：有人说穷人最缺少的是金钱，因为有了钱以后，穷人就不再是穷人了；有人说穷人最缺少的是机会，穷人之所以穷，因为没有遇到好时机；有人说穷人缺少的是技能，现在能迅速致富的都是有一技之长的人；还有人认为穷人最缺少的是帮助和关爱。不过，最后只有一位叫蒂勒的9岁小姑娘猜对了巴拉昂的秘诀：穷人最缺少的是成为富人的“野心”。

野心就是企图心，是描述你对一种事物的渴望程度。穷人之所以是穷人，之所以看上去努力挣钱却挣不到钱，是因为他们根本没有那么想挣钱。一个人的渴望程度决定了他的态度和行为，没有强烈企图心的人自然会在行动力上体现出懒惰。很多人可能会举出那些环卫工人、人力车夫、搬砖工等苦力劳动者的例子，为什么他们早出晚归，付出极大的辛劳依然没有多大回报呢？他们的家庭贫困，应该对钱有很大的渴望才是啊！这种想法是不对的。

首先，更贫困不一定对钱的渴望就更强，正如我刚刚所述，很多人爱钱，却只想无成本地获取。其次，早出晚归，看上去付出极大的辛劳也挣不到钱，但依然干着这份活，就说明他们根本没有改变的动力。至少没有技能之类的，都是托词，社会上到处都是学习机会。如果他们不愿改变，只能证明其实他们没那么想让生活变得更好，或者他们认为学习太辛苦了，比苦力更辛苦。

这是穷人和富人最本质的区别，这个区别足以将这两种人泾渭分明地区分开来。当然，穷人看上去也缺钱、缺机会、缺技能、缺运气，但缺钱是外在表现，却不是内在因素。事实上，穷人和富人的差距并不是字面上的一个“钱”字可以概括得了的。

要说缺机会，每个人一生中都会有很多机会，只是符不符合开启的条件而已。要说缺技能，穷人和富人都有同等机会去重新学习，学习技能并不需要很多钱。要说缺运气，如果把穷人都归于运气不好，富人都归于运气好，未免就太野蛮了。我们提到过，除了极少数的人以外，大多数人的好运气是自己创造的。

那么如何让一个穷人对金钱拥有野心呢？

最好的方式就是强行将其扔到一个充满野心的陌生环境中，逼着他向周围的人看齐。当一个人周围的人群都野心勃勃时，那么自然也会想大干一番事业。当一个人身边都是没有理想、得过且过之辈时，即使拥有一点野心的小火种，也立马会被周边人的冷水给浇熄，久而久之，此人无所作为的概率自然就大了许多。

那些愚弄自己的努力

有人会提出反对意见："我很渴望金钱，对此我愿意付出艰苦的努力，并没有想无成本地获取，且我明明比别人努力得多，为何还是挣不到钱呢？"

这让我想到了悬梁刺股这两个故事。对！它们是两个故事。东汉的孙敬为了念书不打瞌睡把头发绑在房梁上，只要疲劳头一低就会把自己疼醒，继续看书，这是头悬梁。战国的苏秦为了念书不打瞌睡就预先在桌子上备好一个锥子，只要疲劳瞌睡虫袭来，就马上往自己大腿上戳一下，把自己疼醒了好继续看书，这是锥刺股。

这些故事的确让我们感动，而我们之中的某些人也依样画葫芦，经常挑灯夜战学习或工作到半夜两三点，却并没有什么产出，究竟是哪个环节出了问题呢？

按照马尔科姆·格拉德威尔（Malcolm Gladwell）在《异类》一书中的观点，任何一个普通人在某一领域的积累达到10000个小时的时候，就该从平凡进化成超凡了。当然我们不对他的观点进行咬文嚼字，假定这个领域并非先天要求非常高的领域，那么有没有人坚持了10000个小时，然后一无所获呢？

有！而且大多数人都是。看一下自己当下从事的领域，再审视一下自己的身边人，我想很多人在某个领域都有超过10000个小时的积累，但他们都成为专家了吗？他们的收入大幅提升了吗？大多数人都没有，因为大多数人所谓的努力和积累，仅仅是一个一直在愚弄自己的骗局。

努力的效果累计，不在于努力的时间段，不在于磨了多久，而在于有效时间有多少。有效时间，首先指的是花在有效的学习区域里的时间，其次这个时间是“学习的总时间 × 学习效率”后得出的时间。

那么有效的学习区域在哪里呢？大家都听过美国密歇根大学商学院教授诺尔·迪奇（Noel Tichy）关于舒适区、学习区和恐慌区的理论。我也就不再详述，只做简单说明。

在舒适区里，你干的是自己最熟悉的事。在这里，你只能进行知识和技能的熟练度加强。我们很多人做事就永远停留在这一层，所以别说10000个小时，就算后面再加个0也是无济于事，因为熟练度很快就会到达天花板，到了一定程度后，再增加时间也很难提升。

在恐慌区里，你要干的不是不擅长的事，而是根本不理解的事。这里的知识和技能超出你的边界太多，基本无论如何努力，都难以一窥门径。在这个区域中，你会焦虑、恐惧、不堪重负，也不是有效的学习和提升区域。

在学习区里，知识和技能都是我们能懂但不太懂的，属于那种跳跳能够到的高度，充满了新颖和挑战。在这里，我们可以通过扩展边界来得到最大限度的成长，这才是学习和提升的有效区域。

虽然我们都知道这个理论，也都认为理论里说的是正确的，那么为什么还是不愿意去学习区呢？想想前面说的懒惰是因为什么就明白了。

既然建筑在学习区域上的有效时间才是决定努力成果的关键因素，现在再回头看一下，学习成果这件事跟我们学习或工作到凌晨两三点还有很大关系吗？

问问自己下面这几个问题：

1. 你是否坚持在自己的学习区进行努力？

2. 深夜多努力了两个小时，白天有没有浪费两个小时？

3. 如果拿深夜的学习或工作时间来替代白天的，那么确定深夜的效率高过白天吗？

4. 深夜的两个小时内，有没有刷过手机，有没有想过杂事？如果有，你的净有效学习或工作时间还剩下多少？

5. 如果白天的安排更有效率，是否能避免熬夜行为？

6. “努力”过后是否有发过微信朋友圈？

在审视完前 5 题后，很多人可能会对第六题发出疑问：“发朋友圈怎么了，发朋友圈就证明我刚才的努力无效了吗？”并不是，不管发不发朋友圈，你之前的行为都已经完成，照理说该是不影响，但发朋友圈这个行为本身就代表你的学习或工作动机有一定的偏差。朋友圈的点赞和赞美会导致我们更容易自我感动，且更容易在潜意识里驱使你将本该在白天完成的学习或工作，带到深夜去完成。可以回顾一下那个为了获得好评和奖赏而欺骗自己的大脑。

无节制地省钱是个大坑

省钱与花钱

在很多人尤其是我们的父母辈眼里，省钱和节约钱是画等号的，花钱和浪费钱也是画等号的。一个人老是在省钱，就算是会过日子的。一个人老是在花钱，就肯定是个败家子。当然，这种思想的形成是有特定背景的，这必然萌生于资源极度匮乏的时期。由于普通人是很难跨时代思考的，因此他们的价值观一般都仅仅源于生存现状和现有经历，一旦形成就很难转变。

那么省钱是不是等于节约钱，花钱又是不是等于浪费钱呢？我想大部分人都能看得出来，它们有明显的不同。节约，有节制、约束的概念，而“省”却并不具备，很多人省钱省成了抠门，但还叫省钱，却不能叫节约钱了。浪费，它跟“花”的区别就更加明显一些，花不必要的钱叫浪费钱，花不必要的精力叫浪费精力，它的中心思想都是围绕三个字——“不必要”。但“不必要”这三个字实在是过于主观，因此，浪费基本是个主观词，并没有什么界定标准。

省钱和花钱仅仅是两种行为，它们基本不包含任何道德属性，这分明是简单的财务调配问题。你之所以省钱，并非是想把钱带进坟墓。这样的人毕竟是极少数，大部分的人都只是想把它调配到他们认为的更重要的地方，或未来可能会出现的更重要的地方。

先说那个“更重要的地方”。很多男人不允许自家女人买化妆品，很多女人不允许自家男人花钱玩网游，给孩子报个昂贵的学习班却眼睛都不眨一下。问题就来了，你的另一半会很诧异：“你凭什么觉得我在浪费钱，给孩子花钱就不是呢？”每个人都不能用自己的喜好来判断别人花钱的标准，因为你没法体验别人能获得的乐趣，所以判断“浪费”很主观。

再说说“未来可能会出现的更重要的地方”，这是安全感不足在作祟。在未来发生的 A 事比你一直想做但没做的 B 事更重要，于是你认为自己在当年省下了 B 事的钱很明智，但问题是，未来的 A 事与当年的 B 事的体验是无法进行横向比较的。因为环境不同，而你也无法确定，如果当年把钱花在了 B 事上，会不会比现在更好。

就算你真的认定 A 事就是比 B 事重要，当你为了这个更重要的 A 事花钱时，你怎么知道更远的未来不会有更重要的事呢？如果你有这种强烈的不安全感，就该永远省才对，因为未来永远不可知，省无止境。可能到了人生的最后才会发现，你错过的不只是 B 事，还有 C 事、D 事……延迟满足不错，但过度省钱肯定是没有道理的。这个度在哪里？我们之后会讲到。

省钱和花钱只是财务调配问题，但若是有人一定要追究它们的道德偏向，那么还是花钱会更倾向道德一些。我们说一个人有道德，它表现在哪里？一般来说，能发自内心地做到毫不利己、专门利人，我们就会认为这个人很有道德。省钱这回事显然是利己的，我省下了钱是因为我觉得省钱对我有好处，它没有一点利人的属性，这很容易理解。而花钱这回事，花得值，那就利己利人，花得不值，那就是利人而不利己。省钱是让自个儿高兴，跟别人毫无关系，花钱是让别人高兴，自个儿还不一定高兴，所以一定要区分的话，自然是花钱更偏向道德一些。

你看，这些我们平时想当然的事情，有时是经不起琢磨的。

省钱的初始动机

省钱的初始动机在于贫穷，而不是美德。

当手中的可支配资金寥寥无几时，你自然就会变得节俭，这是一件无须别人教你或给你动力的事情，因为你根本没有选择。因此，省钱在最初一定是跟贫穷画等号的。

但这个世上还是有一些人，已经拥有了显赫的财富和地位，看上去却依然非常节俭。市面上没有营养的书籍都会告诉你，那些顶级富豪在拥有了巨额财富以后，在生活上依然如何节俭。比如李嘉诚一件西服能穿几十年，一张纸正面用了以后反面再用；

马克·扎克伯格的座驾仅仅是一辆本田，最近也只新购了一辆大众；约翰·考德威尔·卡尔霍恩每天骑车上班、自己剪头发之类，然后塞给你“成由俭、败由奢”的道理。

姑且不论这些事情的真假，有一个谁都应该知道的事实是，他们现在的财富肯定是与他们的节俭没有太大关系的，哪怕他们天天省得如非洲难民一般，也无法在有限的生命里聚拢巨额的财富。积少成多、聚沙成塔？不知你有没有见过那些抠抠搜搜的老妇人，她们一直在聚沙，但随着通货膨胀，不仅没成塔，连沙都给漏光了。

你见过李嘉诚几十年穿同一件西装，可能不知道他花了 8 亿台币建别墅；你见过扎克伯格开着旧本田，可能不知道他花了 1 亿美元买岛给自己度假；你知道考德威尔骑车上班，可能不知道他有多艘游艇和直升机。

他们所有的节俭行为都只是一种无意识的习惯行为，而并非刻意省钱。这些习惯性的行为仅能证明他们可能曾经是穷人，他们曾经跟你一样，除了省钱毫无选择，因此某些小习惯在他们的身上已经打下了深深的烙印，直至现在还留着。但很多人却将节俭这件他们当年不得不选择的事情当成了他们现在获得成功的理由，实在是本末倒置。

省钱省丢的东西

谈到省钱的好处，“积少成多”是比较常用的，因为这个词非常“真理”，就脱胎于最简单的数学运算。不过我并未看见几个一味“积少”的最后“成了多”，就算有那么几个，“成多”多半也不是因为“积少”。

有个富人说：“成为富人的秘诀非常简单，就是每天往口袋里放入 10 个金币，只拿出 9 个来花，长久下去，你就能成为富人。”这很明显只是寓言故事，为了说明积少成多这个宇宙级真理用的，但我们这个真实的世界却远比这样简单的道理复杂得多。积少成多是一种静态思维，它既不考虑通货膨胀，也不考虑金钱附着在人身上引起的价值变化，它人为地创造了一个真空无菌的环境，但显然不符合实际。

锤子手机的创始人罗永浩说：“一个人可劲儿省钱是对自己的不自信。”在一次访谈节目中，罗永浩谈到了年轻人花钱的问题，说自己 20 多岁时在新东方的年薪就已有 60 万元，但一分钱也没存下。他表示，年轻人不要存钱，敢把每一分钱都花干净的人，将来肯定能挣大钱。

这话我部分认同，认同的部分就是，这种做法对于进取型人格来说，是适用的。

如果你正是进取型人格，又有收入记录本，翻开它。你大概率会翻到这样的现象，那就是 10 年来虽然物价涨了许多倍，但你的收入涨得更多。如果你正处于事业上升期，那就更直观了。算算你这 10 年就算不吃不喝能攒下多少钱？可能连你现在一年的收入都抵不上。一方面，你的自身价值一直在提高；另一方面，钱一直在缩水。你会突然发现，以前觉得很多很多的钱，现在不费吹灰之力就能得到，所以不仅是你的钱贬值了，你之前的劳动也贬值了，因为现在单位时间的劳动价值远远大于以前。于是对于那些自身有“快速升级”能力的人来说，“攒”的行为就没有多大意义了。

这个世界的机会组合是非常复杂的，没有人能算到什么时候花的钱、花在哪里的钱，突然有一天就成倍成倍开始回报给你。有些人花钱在打游戏上，突然就靠游戏挣钱了；有些人花钱在吃上，突然就靠吃挣钱了；有些人花钱在买书上，突然就靠知识挣钱了；还有人花钱在请客吃饭上，突然也靠朋友挣钱了……10年以后，有些人花着、玩着顺便把钱挣了，可另一些人却只是原地踏步，再一看自己攒了10年的钱，竟然什么也买不了。

但是，万一钱花完了却并没有产生预期的回报怎么办？这当然是可能的，但反过来说，很多我们依靠的赚钱技能，之前也仅仅认为是在花钱而已。花钱就是花钱，用金钱购买体验并没有值不值一说，体验本身就是潜在的财富，没有产生预期回报只是你暂时还未找到合适的方式变现而已。对于进取型人格来说，无节制地省钱，省掉的除了钱，还有让自己变好的可能。除了钱，还省掉了与这个世界产生更多联结的机会。

如果说错过的机会没准还能靠时间弥补，有些体验，可就再也没法回来了。

还记得你小时候最爱的玩具吗？父母为了省钱没有买给你，于是你发誓，等自己有钱了一定要买好多好多送给自己当礼物。但当你真的能买得起整整一卡车玩具的时候，你还有兴趣吗？谈恋爱时你们的收入都不高，一直望着那层最高的餐厅，想着等有钱了一定要上去吃一次。现在有钱了，孩子都不小了，你们终于坐进了那家餐厅，然而却找不到什么特殊的感觉了……很多东西的即时感受不可替代，甚至可能在你的整个生命中也是独一无二的，换个时间、换个地点或者换个人，都不会再有。

许多人会认为省钱是省不必要的开支，是以不浪费为宗旨，但我们说过，所谓浪费，是个主观词，"不必要"也是如此。除了基本的生存保障以外，很多事是根本没有必要和不必要的概念。驱车30公里去吃一碗牛肉面必要吗？买一件更好看的衣服必要吗？跑到山顶去作首诗必要吗？人生中很多美好的体验在某些人眼里是不必要的，但在另一些人眼里却是必不可少的。

正确的省钱方式，可以在不牺牲体验和其他重要代价（比如更高代价的时间成本）的前提下进行。比如去电影院看电影，60块钱一张票，突然发现团购有优惠，一分钟能搞定，而观影体验又一模一样，当然可以选择省钱。所以要想学会正确的省钱姿势，先得知道什么东西是我们的成本，省了钱以后增加了哪些显性和隐性成本，以及收益和成本之间的关系如何。

年轻人
该拥有怎样的
财富观

财务重力加速度

看了上面的内容，你可能会有一种错觉，那就是我一直在说省钱的不对，以为我建议年轻人有多少花多少，其实并不是。我不赞成无节制地省钱，不赞成牺牲所有能牺牲的体验来满足内心永无止境的安全感。然而不在一个极端，并不代表就在另一个极端。总体来说，除非你是非常进取又聪明的强能力者，否则适度积累永远是有必要的。

李笑来提过一个概念，叫财务重力加速度。我们都学过中学物理，知道第一、第二宇宙速度的含义。由于地球重力的作用，在没有到达第一宇宙速度之前，你都会被地球“拉”回来，直至到达第二宇宙速度，你才能飞离地球。因此，如果你要快速积累财富，就必须克服你在财务上的重力加速度，比如房子、车子、贷款利息、生活必需品、通货膨胀等，这些都是你在财务上的重力加速度。重力加速度越大，你的财富积累速度就越慢，你可以形象地将其想象为“扯后腿”。

可千万别以为这只是道简单的算术题，当你一年攒下 10 万元，而我攒下 20 万元的时候，你跟我之间可不仅仅是 10 万元的差距，而是 10 万元的金钱差距加机会成本的差距。如果此时刚好有个非常好的项目需要 20 万元才能投资，我就可能借此搭上财富的快车道，而你要么等待下一次机会，要么只能去借钱投资，从而导致自己的财务重力加速度里又多了一项利息，这样一来，差距可就不止 10 万元了。

因此，虽然我反对无节制地省钱，但我绝不赞同乱花钱，随意增加自己的财务重力加速度。这里的“乱花钱”指的是一些超出自己能力范围或没有得到有效体验的花费，例如，在感官刺激上进行大量的简单重复消费、非理性的冲动消费、超出自己支付能力的超前消费等。这些都是对积累财富有负面作用的消费观，应当尽量予以规避。

开源永远大于节流

提到挣钱和省钱的关系，就离不开一个词：开源节流。但这是正确的废话，什么意思呢？不就是增加收入、减少支出嘛。要使口袋里的钱变多，要么多往里搁点，要么少拿出去点，所以说是正确的废话。

开源和节流虽然经常一同出现，但它们是有地位差别的，开源的重要性一般来说都大于节流。有一个最简单的解释是，节流有上限，它受制于你的总体收入水平，而开源没有。

从小到大，父母就一直教育我要节流，因为在他们的成长过程中，很长一段时间国内是没有什么好的开源手段的。要做到有效开源，要么你人脉通天，要么你就只能承担极大的风险。在这样的现实背景下，他们将节流放在更重要的位置一点也不奇怪。但他们一直以来如此辛苦地节流，家里却也不富裕，当然他们可能会怪罪于自己的开源能力不足，于是若还不拼命节流，不就更差了嘛。但其实道理是这样的，他们本就从来没把开源放到过更高的位置，开源能力会强才怪呢。

开源大于节流，我可以用一个极端例子展示给你们看。大多数人都是开源和节流状态并存的，而谈论一个中间态的各元素比重的重要性，从极端状态来考虑是最快的方法。假设有个人年入百万元，但日日花完，另一个人只挣最低工资，但能省下 80%，问：“10 年后谁能攒下更多的财富？”

这道题如果交由计算机来做，那就肯定是节流的人赢。因为开源的这位 10 年后哪怕年收入涨到千万元，攒下的财富依然是零，但节流的这位不管收入有多么微薄，10 年以后总能攒下几万块钱。但我们是人，我们知道，如果他们两个意识到自己在进行一场比赛，那最后一定是开源的这位能攒下更多的财富。因为很简单，开源的这位只要稍微有一段时间不怎么花钱，哪怕是一个月，就能抵得上节流这位 10 年来含辛茹苦攒下的所有金钱。我相信这对于开源的这位来说，应该不难。但节流这位就不同了，节流可以说节就节，开源岂能说开就开？人的地位、价值、眼界、认知都已经有了天壤之别，又岂是一朝一夕能追得上的？

开源的人节流易，而节流的人开源难，这就已经很明显体现出两者的重要性和地位了。有时候，开源与节流并不冲突，但有时候，两者之间是会产生分歧的，比如有人愿意花钱投资自己，让自己增值，而另一些人却认为没有必要浪费，这个时候就有分歧了，钱是花出去，还是省下来？

仔细分析一下，投资自己在本质上就是另一种程度上的开源。如果你将自己理解成一块收成普通的地，你会将今年的收成储存起来，还是用来改良自己，以便让自己在来年成为一块产量更优秀的地呢？相信10年之后，同样的一块地在不同的选择之下，不管在价值上，还是在收成总量上，都会天差地别。

请记得，当开源和节流冲突的时候，大多数时候，站在开源这一边都不会有错。

你的劳动很不值钱

为何收入差距越拉越大

除去纯运气带来的不可预测收入之外，普通的收入通常分为两种：一种是资产性收入，即利用现有资产本身带来的收益，如存款、房租、股权分红、版税等；另一种是劳动性收入，即利用即时性劳动换来的报酬，一旦停工就会没有收入。

这两种收入方式的区别显而易见，那就是前者是持续性收入，24 小时都在挣钱，后者是一锤子买卖，靠自己一锤子一锤子凿，什么时候锤子不挥了，钱就停止入账。从普遍情况来看，富裕阶层的收入比例中，资产性收入占比较大，而劳苦大众则刚好相反，长期处于不开工就会饿死的境地，这使得劳苦大众更加攒不下钱来拥有资产性收入了。

资产性收入的挣钱效率明显大于劳动性收入，而随着资产性收入的不断增加，这些增加的钱又再次成为资产性收入本金的一部分。《圣经》里有一则寓言，有句经典的话一直被人们引用至今："凡是少的，就连他所有的，也要夺过来。凡是多的，还要给他，叫他多多益善。"后来人们把它称为马太效应，这种"赢家通吃"的现象在人类社会的方方面面都可见到，也是贫富差距被持续拉大的重要原因。

作为劳苦大众，想要快速提高收入就得在保证劳动性收入不缩水的前提下，不断增加资产性收入在你的总收入中的占比，而只有不断积累各方面的知识、能力与资产，并将它们自带的红利利用起来，方能使自己的赚钱速度跑赢大多数人，从而从下层通道慢慢地往上挪。

劳动的价值

从劳动性收入过渡到资产性收入说说很容易，但真要做起来就非常困难。试想一个劳动性收入仅能维持温饱的人又如何攒下余钱去拥有资产性收入呢？一天仅有 24 小时，除去睡觉、吃饭，就算都用来工作还是提高不了多少收入，唯一的方式就是大幅增加自己的单位劳动价值。

在 20 世纪 90 年代以前，交通不便利、通信不发达、信息不透明，社会分工比较粗，大量的工作同质化严重，需要脑子的地方不太多，大家都是撸起袖子干，以份数论英雄，以流汗量论英雄。一样的活你干一份我干两份，所以我的收入比你高。那个年代，通常谁的力气大、谁肯干，谁的收入就高，因此至今很多人依然评价老实巴交、一门心思做苦力的人为“踏实”，这也是他们眼中的勤奋，可以算是经历过物资匮乏年代后的“创伤后遗症”之一。那个时候，多数人都被当成机器使，就算再有想法的人，也没什么发挥的舞台。

20 世纪 90 年代乃至 21 世纪开始以后，随着社会分工逐渐细化，这种从同质化向差异化、精细化的转变过程中，必然伴随着收入分配方式的变化。物质越来越丰富，新的需求不断诞生，为满足各种需求应运而生的职业也就越来越多，这时人和人的差异性就慢慢体现出来了。有的人由于会玩计算机、会英语等被高薪聘走，有的人什么也不会，于是依然只能在苦力界挣扎。

许多人此前可能一直认为，按劳分配很合理，付出多少劳动得到多少报酬。但依照这个理论，环卫工人应该拿高薪，因为他们起早贪黑，夏天对着烈日骄阳，冬天吹着刺骨寒风，确实很辛苦，比某些在单位混日子的白领辛苦得多，付出的劳动力也足够大，然而他们的收入明显不符合高薪的定义。为什么呢？因为这件我们一直以来认为很合理的事情有着很大的问题，按劳分配的“劳”，得看是怎样的“劳”。

劳动力的价值，并不仅仅是凝结在上面的无差别劳动，还取决于需求和可替代性。很多人都听过一个词，叫边际效用。边际效用是研究这样的一种现象，假设其他条件不变，每增加或减少一个单位的数量可能会导致的效用变化以及对人们决策产生的影响。

边际效用有个均衡点，当过了这个均衡点以后，每增加一个单位的数量，效用的二阶导数就是负的，且绝对值越来越大。翻译成具体例子的人话就是，假设三个农民种一块地的分工是最合理的，那么三个农民就是种这块地的均衡点。在此之前，每增加一个农民，效用的增速都是加快的，但一旦数量达到 4 个、5 个甚至 100 个，这块地的产出并不会因此同比增加，那么每个农民的效用就随着人数的增加而递减，这就叫边际效用递减。这个理论可被应用到生活的方方面面，如当你口渴的时候，你对第一口水和对第十口水的感觉；如当你负债累累的时候，你对第一个 10 万元和对第十个 10 万元的焦虑；如接到一份新任务的时候，领导只能依靠你和他有两个、三个甚至十个备用选择时他对你的态度变化。

因此，环卫工人的收入为何如此之低，很大程度上是因为有能力胜任这个岗位的人数供远远大于求。也就是说，可能有很多找不到工作的人都想当环卫工人，就如上面例子里的备用选择。

有人会说："难道环卫工人干的活不重要吗？如果没有环卫工人，道路就变成什么样子了？"当然重要，但是重要跟稀缺是完全不同的两码事，并不是越重要就会越贵。空气重要吗？重要。贵吗？不要钱。需求有自己的平衡点，当供给越过了这个平衡点，那么单位供给的价值就会不断递减。需求和供给的关系变化决定了单位时间的劳动价值，如果你起早贪黑挑大粪，但并没有人有需求，那么你就做了无用功，你的单位劳动价值为零。就算市场上确实有这个需求，但由于你的劳动力可替代性太强，市场供给远超需求，这也意味着你不干有的是人干，那么你的单位劳动价值也依然会很低。

究竟怎样才能挣到钱

寻找难以替代性

在了解了需求和供给决定了我们的单位劳动价值之后，可以很容易地推导出为何有些人的单位劳动价值如此之高，为何他们在对等的工作时间内能理所当然地拿到高薪，因为他们干的是有需求的事，拥有小众的综合技能，具备难以替代性。

看到这里，有些人可能会想到自己的老板，他明明看上去整天什么也不干，貌似也没什么特殊的技能，为何按照单位时间的收益来看，他的单位劳动价值会如此之高呢？这里你就犯了两个错误：首先，老板的劳动与你的不同，他的单位劳动价值未必在你看得到的地方，公司之所以可以运营下去，天上是不会掉馅饼给他的；其次，就算老板仅仅是个投了钱的甩手掌柜，他也承担了巨大的风险，此时他的收入是源于通过风险和收益的概率性博弈产生的资产性收入，因此不能用单位劳动价值的体系去衡量。

然而对于普通的底层劳动人民来说，首要目标是先通过各种方式积累起一定的资产，然后才能在资产性收入上做文章。

回到单位劳动价值。要成为高薪人士，必须具备建立在需求上的难以替代性，那么这个难以替代性体现在哪里呢？我们通常将其称作“门槛”。

每一件事都有它的门槛，就连扫地、擦桌子这样看似简单的事也有，它至少需要你能行动自如吧，否则就干不快。要知道这世上很多人是没法行动自如的，因此它也是个门槛。但是能达到这个门槛的人多不多？多！所以这类劳动的单位价值自然就低。同样是做环卫工人，如果你所在的城市里有某个区域长期要接待数量众多的重要外宾，对环卫工人的需求是身高一米八以上的帅小伙，硕士学历以上，英文流利，海归背景优先，虽然你还是干着环卫工人的活，但几乎可以肯定，你的收入一定少不了。因为上面的每个条件都分别是一个个小门槛，而需要同时满足所有这些条件，又构成了一个大大的门槛，此时市场供给将会急速减少，那你的单位劳动价值自然就水涨船高了。

我们该学习怎样的技能

大门槛一般都是由多个小门槛组合而成的，每个小门槛除了对与生俱来的某些特质有需求外，其余都是对某类技能的具体要求。因此要踏入更高的门槛，就必须拥有更多的技能。但这世上的技能千千万，我们该打磨怎样的技能，才能在挣钱的道路上保证不被落下呢？

从纵向的角度来看：

哪怕拥有的是同一种技能，但由于掌握的程度不同，门槛就依次不同，因此会有小白、菜鸟、老鸟、专家、骨灰等级别的差距，每晋升一个级别对于收入来说都是一个飞跃。因此，在技能的选择上，我们要努力学习那些能够通过积累带来改变和飞跃的技能。

这世上有些技能是难以积累的，比如包货员，你可以通过数十年的积累将货包得又快又好，但那又如何？一个包了半年的人照样可以包到 95 分，而你包了 20 年，可能也不过是 96 分，你的收入又怎么会提高呢？再比如快递员，如果按月薪来算，也许并不算低，但按照时薪来算，其实并不高，况且你不可能一辈子送快递。除非你在其他方向上已铺好了路，万事俱备就差点初始资金，否则你这几年除了这些并不算多的金钱，又享受到了多少积累的红利呢？

所以，从纵向上来看，我们要尽量避开这些几乎无法靠积累达到飞跃的技能和工作。在筛选想学习的技能时要睁大眼睛先看看，熟练掌握该技能的“骨灰级”玩家的收入是多少。这很可能会是该职业的天花板。

从横向的角度来看：

很多事情并不是依靠单一技能就能解决得了的，比如你是开出租车的，滴滴和快的两家公司烧钱补贴那会儿，很多司机都在车上配了两个智能手机用来接单。如果你是其中一名司机，但不会用智能手机，那么只有两个选择：要么学，要么只能眼看着比别人赚得少。

在现实工作中，并不存在依靠单一技能的状况，技能都是组合着用的。被组合的技能越多，技能的拥有者就越少，要做好某事的门槛就会越高，竞争者也会越少，挣钱就相对更容易。而我们在不断的实践中就会发现一件事情，那就是某些技能的被组合频率就是比其他技能要高，因此，这些技能便是我们重点需要掌握的。

例如“会用智能手机”这是一个多数人都掌握的技能，这个技能已经演化成一项最基础的生存技能，因为移动端作为一个平台，目前几乎所有的应用都围绕着它进行，所以这样重要的技能若是不会，就只能硬着头皮去学习掌握，否则会有很多麻烦。有些年纪稍长的人可能认为智能手机跟自己目前从事的工作不太沾边，所以能偷懒不学习，但由于它被组合的频率实在太高，而且将来会越来越高，所以这部分人就很容易在将来吃大亏，甚至生活无法自理都有可能。

所以，从横向上来看，我们需要在有限的时间内，集中精力学习攻陷那些被组合频率最高的技能。

现在可以拿出白纸，找一些你最想依靠它挣钱又确实能通过积累迅速实现飞跃的职业，然后列出它们分别所需的各项技能，别遗漏。接着，你就会发现里面有一些重合率很高的技能，这些重要技能就是决定你进阶更高门槛的关键。

例如，在线教育是可积累的领域，要成为有所成就的名师，需要的技能包括专业知识、清晰的逻辑、公开演讲的能力、熟练使用网络的能力、做出精美 PPT（演示文稿）的能力、打造品牌的营销能力等。

而写作也是可积累的领域，要成为知名的大作家，需要的技能包括深厚的语言功底、清晰的逻辑、销售自己的能力、通晓商业运作的能力等。

现在我们将问题简单化，就上述两个你最想要从事的领域来说，经过比较，你很容易就会发现，首先要做的，就是提升自己的逻辑思维能力。你可以就此列出 N 项技能，方法类似，就是找重合的“百搭”技能，这样当你不知道该学什么的时候，就会更容易找到重点。

让别人挣到钱

上面说的基本都是以侧重自身努力为主的挣钱方式，一个人要挣到钱，肯定是向他人提供了价值，或者承担了相应的风险，钱只不过是价值和风险衡量的尺度而已。

风险这回事，我们留到最后说，先来说说向他人提供价值。我们打造这么多有用的稀缺组合技能，无非也是希望给他人提供稀缺价值。不过这是单向的提供价值的方式，还有一种双向的。

基于人的理性，人是更倾向于合作的动物，而合作本身就可以产生自愿的双向交换价值，于是，很多人就可以利用直接合作或间接合作的方式挣钱。

直接合作很简单，互利共赢，我通过你挣钱，你也通过我挣钱，但不一定是挣彼此的钱，可以一起挣别人的钱。比如厂家和渠道商合作，一起挣消费者的钱。

间接合作指的是我不直接跟你们任意一方合作，只提供一个交易场地，你们能更方便地在这里达成交易，那么我当然也有价值，也自然可以通过提供这种价值的方式挣钱。当然，我既可以向你们交易双方收钱，比如提点，也可以依靠你们的流量向别人收钱，比如广告，这就仅仅是变现方式的区别了。

那么不管是直接合作，还是间接合作，这里面的挣钱逻辑还是有相通的地方，就是我们在自己挣钱之前，先要想明白，如何让别人同时更好地挣到钱，甚至是如何先让别人通过你挣到钱。比如你生产东西以后肯定要定价，你要给渠道商留出价格空间，不能把钱都留给自己挣，除非你根本不准备发展渠道商。比如你作为资源掮客，肯定要想办法提供对交易双方都有利的解决方案，让有能力提供价值的人在你这里获得足够多的收益，你作为一个平台，路才能越走越宽。

市场环境下，除了承担风险以外，钱就是价值的变现结果，那么“让别人挣到钱”的价值原理在哪里呢？如果别人本来就能挣到一块钱，到你这儿还是挣到一块钱，那么你就提供不了价值，也挣不到钱。所以我们之所以可以挣到钱，是因为可以让别人挣到比原来更多的钱，我们给别人的价值做了加法，那么这中间当然就产生了额外价值，而从别人因你而提升的价值差价中挣到钱也就变得理所当然。

看到这里，你现在可以拿出笔梳理一下，你拥有哪些资源，你是不是这些资源的核心交会点？因为如果不是核心交会点，这些资源完全可以绕过你，走别的交会点。如果你是核心交会点，你可以通过哪些方式把这些资源进行整合？不管是直接合作，还是间接合作。先考虑如何让别人挣到比现在更多的钱，然后属于你的那份钱自然就来了。

学会用风险赢利

现在可以看这个问题了，当一个“老板”只是甩手掌柜的时候，他的收入的大部分源于通过风险和收益的概率性博弈产生的资产性收入。其实不管你是不是老板，通过风险和收益的博弈去赢利都是可行的。

这里我们很多人可能会很容易就把这种挣钱方式跟赌博挂上钩，其实二者是有区别的。赌博，通常是针对给定风险的，规则一般是给定且所有人可见的，不存在什么信息壁垒。你大约知道赢的概率是多少，于是去碰碰运气。

那么通过风险赢利这回事呢，通常是指期望收益大于零的这样一种游戏，且游戏里的风险还是可控的。首先，风险对每个人都不同，比如了解的信息多一点，风险自然就少一点。其次，风险本身是不断变化的，就需要我们不断根据现有情况做出调整，维持一个较高的期望收益。

因此，通过风险赢利的本质恰恰不是偏好风险本身，而是在拥抱风险的前提下尽量控制风险，从而增大赢面，也就是赢的概率，而不是如赌博一般，在风险给定的情况下，仅仅能同比放大亏损和赢利的金钱数而已。

用风险赢利显然是一种策略，而不是无脑碰运气。那么重点来了，我们该如何判断一件事的风险呢？

说说很简单，但其实我们在很多时候是很难判断某件事的风险大小的，有时候甚至连近似都做不到，尤其是当遇到自己看上去并不熟悉的事物时。那么当我们并没有太多时间去研究、学习、分析、观察、总结的时候，我们又如何在最短的时间内大致判断出看上去似乎并没有能力判断的风险呢？

有个很简单的方法，叫风险的等价转化。

假设有一种小众的投资品，对于它的涨跌你根本不知道从何判断，有人说用 K 线，有人说用基本面，总之有几十种说法，大家都有一套道理，如何去判断它的风险呢？你当然可以学习其中一种不知道是否有用的分析方法，但它能提高“赢面”的前提是它的有效性。如果连这一点都不能确定，显然就不一定对规避风险有用。

那有没有一套固定的投资方式是必胜的呢？我认为并没有，因为如果有，这套方法就已经失效了。除了作弊以外，没有人可以在公开透明的地方找到击败其他人的固定套路。就算真的有这么一种“秘术”，等你学成都已经沧海桑田了。如果我们就是要即刻做出当下最好的选择呢？那么看起来只能是涨跌概率各 50%，闭着眼听天由命了。我们来试试风险的等价转化。

你可以在你的知识体系中，找出一个经过检验的、你自己最确定的“真理”，将它当作杠杆进行风险转化。比如你很确定当这种小众投资品被大规模普及的时候，它的价格一定会比现在高得多，那么你就保持这根杠杆不动，这样原来的随机涨跌风险就转化成了一个判断风险，那就是它会不会被大规模普及。如果会，那我就应该买入并长期持有到大规模普及。如果不会，再去找其他杠杆。

看起来这个问题是不是更容易通过一些公开的资料和信息去解答了呢？不同的人有不同的知识储备，不同的知识储备可以找出不同的杠杆，虽然没有固定的套路可循，但都可以用来转化风险。如果转化过后还是很难判断怎么办？我们可以用这种方式再进行继续转化，直到转化到你能通过现有知识和资料大致判断为止。

以某些确定性的规律为杠杆，将无法判断的事通过条件式等价，转化为容易判断或自己更有把握判断的事，这就是利用逻辑进行风险的等价转化过程。

当我们熟练掌握这种方法时，就能够判断出很多看似难以判断的风险，也更容易找出那些大赢面的赢利项目。当你选择投入的事情赢面一直较大时，长期来看，就必定是挣钱的。

第四章

赚时间就是赚寿命：

重新认识时间

时间有多重要

很多人都自以为知道时间很重要，从小就知道，因为我们一直是这么被教育的，一寸光阴一寸金，诸如此类。但正如我们对很多事情都不求甚解一样，大多数人只是背了那些语句，事实上却并不了解时间的重要性，所以才会滥用时间。这一章，让我们来仔细看看，你究竟浪费了多少时间，以及如何利用好有限的时间。

突围方向

时间这个东西，在很多人的心里一直是很抽象的，因为它无处不在，却又几乎感知不到它的存在。如果要将其更加具象化地展现出来，就需要在我们的脑中厘清时间的概念、时间的价值、对时间的正确使用，以及如何赚到更多的时间等知识和方法。无论是时间，还是其他的，只有先拥有存在感，才能被人珍视。

认知清单：

• 时间可以赚，时间是变量。这不仅是物理学上的概念，从人生哲学上看也是如此。

• 时间就是生命，这并不是什么修辞，而是事实。占用他人的时间等于部分消耗他人的生命，请付出代价。

• 注意力才是计算有效时间的关键，滥用注意力的隐性成本非常高昂。

• 操别人的闲心是对自己生命的不尊重。

• 花时间还是花钱，究竟哪个合算不能一概而论。

• 近似估算时间价值是选择的关键。

• 提升时间的使用效率有八大黄金守则。

• 丰富自己的时间经历等于变相延长寿命。

你对时间的理解可能并不正确

时间也可以赚

在金钱上，我们通常用“赚”，来表示一种相对净流入的状态，不过这种状态可不限于金钱，时间也一样可以赚。

很多人会认为时间是一个常量，但其实我们已经从爱因斯坦那里知道了时间是一个变量。这是从物理学的角度来看的，然而从我们的人生经历来看，时间也依然是一个变量。

非常简单的一个例子是，如果有个人从出生开始就被关在一个固定的小黑屋里，每天机械地有人喂养，没有自己的思想，只有与生俱来的本能反应，几十年如一日。那么当他 100 岁的时候，我们能说他活了 100 年吗？这个 100 年是否跟别人的 100 年等同呢？

古语有云：“不听老人言，吃亏在眼前。”意思是说，老人的经历更为丰富，所以看过的、听过的、懂的东西更多，有更多的经验可用于趋利避害。但这句话的毛病是，老人本身只是一个单纯的世俗年龄上的定义，每个人的生活状态和经历有着太多的不同，所以单纯地计算多少次日出和日落，并不能完全反映出时间在人生刻度上留下了多少印记，以及它给人带来了多少意义。有些人只需几年就能走过另一些人一辈子走过的路，于是，这些人的寿命就相对长得多。所以，寿命也好，年龄也罢，本质上都是一个相对概念，它们的相对性是由“时间是变量”这一本质属性决定的。

像金钱一样，我们也希望赚取更多的时间，那么如何来体现“赚取时间”的这个过程呢？我们可以用“不同的经历”来表示。举个例子，若一个人几十年如一日，无论是自己的经历，还是身边的环境都几乎没有变化，我们就可以将其看作近似活了一日，而非几十年。仅有当不同的经历出现时，时间对他而言才产生了新的意义，经历差距越大，他赚到的时间就越多。

所以从这个层面来看，赚取时间这回事也分为两个维度。

第一，单位时间做事的数量。在事情类型保持一致的前提下，一个人在单位时间内做的事情越多，我们可以说他赚取的时间越多，因为其他人需要耗费更多的时间才能达到与他同等的人生经历。

第二，单位时间做事的类型。在做事的有效时间保持一致的前提下，一个人在单位时间内做的事情的类型差别越大，我们可以说他赚取的时间也越多，因为他的人生经历更加丰富，虽然丰富不代表成就更大。

所以归纳起来，什么样的行为可以为自己赚到更多的时间呢？就是在短时间内通过大量练习迅速达到一个“再花时间下去，投入和产出比就不划算了”的状态，然后迅速切换到新的领域。

有人说：“那像小野二郎那样，一生只专注‘做寿司’这一件事，难道就不好了吗？”还有人说：“如果人人都按上面说的做，匠人精神就几乎要绝迹了。”这些说法都没有错，所以本文只讨论我们这一生对于时间的最有效利用，小野二郎的确取得了很大的成就，但他的人生其实从真实时间上来说并不长。

这一小节仅讨论关于“赚时间”的道理，有关人生的意义，我们到最后一章详聊。

自杀与谋杀

当我们说到“时间就是生命”的时候，我们的潜台词是：“时间很重要，需要像对待生命一样去珍惜。”对于这样的句式，很多人会理解成比喻甚至是夸张的修辞手法，其实不然，这并不是什么修辞手法，时间本来就是生命啊。

如果我们将自己一生的时间用方格子来表示，一个月表示一格，那么也就 900 多格。当时间流逝的时候，我们通常只有一些抽象的概念，因此不足以引起警惕，但当格子一个个被填满涂黑的时候，我想很多人就有直观的印象了。

如果这个月你什么也没干或只是简单重复，那么浪费的就不仅仅是一个叫“时间”的东西，而是在变相自杀，因为相当于你在睡觉的时候，格子本被人白白涂了一格。

当第一次看到这个概念的时候，我感到非常震撼，因为似乎在过去的三十几年里，我随时都在自己并不足够警惕的情况下，被一个小偷不停地偷走我的本子并涂黑格子。我相信有很多读者一定也如我当初般震撼，但还有一部分人，他们本身就“生无可恋”，于是，并不打算这样去看待时间，哪怕事实就是如此。

尽管是这样，他们也确实有支配自己的自由，但却不能以同样的态度去对待他人。因为如果说浪费自己的时间是变相自杀，那么浪费他人的时间则是部分谋杀。为什么要加“部分”，因为并没有完全杀死，只是将他人的某一部分生命为自己所用，或让它变得无意义。浪费他人时间的行为若是被这样定性，则“恶”就显得大多了，哪怕那可能并不是“显得”，而是真的就有这么大。

比如我们经常会下意识地贸然寻求他人的帮助，理由仅仅是“我遇到了困难”。最常见的就是，在网络上能轻松找到的非开放性问题，非得让他人给予详细解答。如果一个人确实接触不到网络，又急着需要答案，那么还是可以理解的，只要给出对方需要的价码就行了。如果不是，这就是一个很坏的习惯，往大了说，是心地坏。

每个人的时间价值都与你的同等重要，都是自己生命的一部分，如果你都不想浪费自己的生命去寻找答案，何以有自信认为别人会为了你浪费生命呢？

那么，什么时候才能说“我搞不定了”这句话呢？

所谓的搞不定，是你按照感情亲疏关系排列耗尽了自己的资源，仍然未能解决的状况。这里特别要强调感情亲疏，这是你调用资源的优先级。我并不反对你把身边的人看成资源，也不反对认为寻求帮助行为本身就是调用资源的体现，但人脉资源也是分层的，当你向某个特定的人寻求帮助时，得先确定在这个人内层的人脉用完了，你才能说自己在他这个点以内，搞不定了。确认内层搞不定，才有资格向外层扩展。

资源优先级最高的，肯定是你的“自身资源”，比如你的体力、脑力、钱。大部分的事情，都能在这一层面被解决。比如你花 10 块钱可以在隔壁的停车场停上两个小时，就别打电话给你的朋友，问他的店面正门前能不能让你“堵”一会儿。比如网络上已经出了苹果手机某个版本的“越狱”方式详细教程，就别拿过去给你的朋友，让他帮忙捣鼓一下。

这样做的好处是，长久相处下来，大部分人在收到你的求助时，大概率都会遇到非他帮忙不可搞定，或连他也不能搞定的事情，这样，要么他坦然拒绝，要么他也不会觉得大材小用。这是一种尊重他人能力的行为，也是一种尊重他人时间的行为。

不过这里有一个坑，很多人都容易踩。既然按感情亲疏排列，那么我爸是马云，他很牛，所以什么大事小事搞不定都先去找他帮忙。这就是典型的没有搞清楚什么叫“资源的核心”。

资源的核心，是这个人的标签和核心价值。有个牛人跟你关系很近，这个人各个方面都很牛，他会修飞机、会修宇宙飞船，但不代表你的灯坏了就该先找他。他作为你的资源之一，核心标签并不是修灯泡，哪怕他真的会修。他的时间价值很高，但给你修一次灯泡，你不太可能付他上万元的报酬。因此，如果你经常叫他做这类事，这是你对自己资源的一种浪费，因为资源是会耗尽的，得用在刀口上才是效益最大化。

所以当你准备占用他人时间的时候，请小心翼翼地征求他人的同意，并养成付费的习惯。这样珍惜他人时间的习惯听来似乎很容易养成，只要平时稍加注意就行，其实也没那么简单。

在此之前你得先提升自己的时间价值，当你自己的时间价值不高的时候，你是不太容易珍惜自己的时间的，因为浪费就浪费了，不心疼。当潜意识里有这样的习惯和想法的时候，你自然不太容易珍惜他人的时间，因为你并没有感同身受，反而会认为过度追求这种做法是小题大做。

所以，请先让自己的时间变得值钱一些，然后记得为别人花在你身上的时间支付更合理的价格。这不是一件小事，是对生命的尊重。

时间用在哪里，决定了你是谁

注意力是什么

我们在成长的过程中，多多少少会遇到注意力不集中的情况，注意力就是注意的能力，也是注意的表现，是我们在一定的时间段内使用注意的方式。

如果说时间是客观的、不可改动的，那么我们就没法像拼图一样将它挪来挪去，唯一能改变的只有自己。因此所谓的管理时间，其实是根据客观的时间刻度来管理自己，因为时间就在那里，不会受到任何人的影响。

注意力是我们管理自己的关键，我们将注意力用在哪里，就等同于将时间用在哪里，比如你看上去在课堂里听课，但其实你的注意力是在你同班的班花上，所以你将时间用在了哪里并不以表象为准，而以事实的注意力来定。我们常说，在某事上花了多少时间，其实指的多是表象时间，更为准确地说，应该是我们在某事上花了多少注意力，这两者的数字之间可能会有很大的差别（为了尊重读者的阅读和理解习惯，我们本章所提到的时间，基本上都是指所有注意力或大部分注意力的时间，不再另行说明）。

很多人并不觉得注意力有那么重要，最简单的例子是我们提过的“愚弄自己的努力”。很多人觉得只要我在某事上花时间就可以了，却不注重真正花在上面的有效时间，这里的有效时间就是我们的注意力在某件事上的时间。

所以说，注意力是什么？可以理解为我们使用时间的方式。注意力的价值源于其稀缺特性，而注意力的稀缺又源于整个时间框架的稀缺本质，所以注意力就是稀缺中的稀缺。我们在任何时候使用注意力，都伴随着无法做另一些事的隐性成本，这个隐性成本等于你本可以获得的最大收益。因此，如果你能清晰地看到另一些事足以使你的状况变得更好，就能更直观地明白，随意使用注意力的成本是非常高昂的。

操别人的闲心

很多人滥用时间的方式，通常表现为随意挥霍自己的注意力，比如，经常无意识地切割大块注意力到碎片化的事情上，且与自己毫无关联的那种，俗话就是操别人的闲心。

操别人的闲心也分为三种。

第一种是真操别人的心，这些人并不坏，但很容易踩过别人的界。如果用个短语来概括，可以是“没有界限感的好人”。他们通常把别人的事当成自己的事，想别人所想，急别人所急。到了后来往往分不清楚事情本身到底是别人的还是自己的，白白浪费注意力，还很容易惹人反感。

第二种是假操别人的心，这类人占比也不少，借着替你操心之名，其实操的是自己的心。比如很多父母催婚和催生的理由往往是受到了来自亲朋好友的压力，他们替儿女的终身大事操心，其实只为了自己能减轻一些社会压力而已。这种假操心比较隐蔽，原因就在于当事者可能因为接受不了自己的自利思想而不断进行自我麻痹，从而真的以为自己有真操心的成分。于是，明明是事不关己的事情，竟然找得出所谓的“正当”理由。

第三种还是假操别人的心，与上一种不一样的是，这类假操心的人不仅不是借操心你之名，得利己之实，甚至还带着坏心，盼着你不好。他们千方百计地打听你的狗屁倒灶的事情，就是为了给自己找一点慰藉。你要是好好的，他们反倒给自己添堵，但你若是真有什么不好的事情，他们能在明明得不到任何利益的前提下，自己创造出利益——心里暗爽。这类人的注意力滥用可以说是最严重，也是产出最低的。

经常性地操别人的闲心是一种病，我把它叫作“注意力失位补偿”。这里有个我自己碰到的事，有天晚上，大约 11 点多了，天还下着小雨，我开车经过一个路口时被一辆电动自行车撞了侧门，我扶起了倒地的大叔后，打了交警的电话。在等交警的过程中，就看到有那么一些人，骑着电动自行车经过的时候突然就停在那儿不动了，眼睛直勾勾地盯着我这边。根本没有什么能让他们消遣的东西，也没人需要帮助，他们就这么看着不说话，不知道想干吗。

这就是典型的注意力失位补偿，一个人没有找到什么值得关注的东西，不知道有什么可替自己操心的，于是就只能把失去焦点的时间和注意力随意乱用在他人身上。只要能有个事情让他进行补偿和聚焦就可以，哪怕与他毫无关系，也产生不了什么收益。

每个人都只有这么点时间和注意力，操心别人的事越多，自己可操心的事就越少。于是，你会发现一个有趣的现象，越是有能力的人，就越是专注在自己身上；越是在能力上已然落后的人，却由于不知道怎么替自己操心，或得不到太多值得替自己操心的机会，而将自己宝贵的注意力随意乱用，因为反正自己觉得自己的单位时间也不怎么值钱，结果就造成了差距越拉越大。

所以有时候财富的马太效应也不只是财富本身造成的，每个人在认知上、能力上也符合马太效应。

究竟
该花时间
还是花钱

时间重要还是金钱重要

这个问题上的争论由来已久。

我们详述过金钱的重要性，以及如何获取金钱的正确姿势。正因为它如此重要，所以我们才经常付出时间去赚取金钱。不过最近几年，有一个说法非常盛行，以至于渐渐平息了争论，那就是——能用钱搞定的事情，别花时间。

如果人们越来越多地同意这个论调，就意味着多数人是非常偏向于时间大于金钱这个观点的，那么这样的观点是否正确？我们又是否要尽量多花钱去节省时间呢？

这种论调非常具有迷惑性。因为首先，它站的高度很高。怎样的人才会说出和同意这句话呢？一般都是钱多、时间少的人。

有人说，学习成功人士的思考模式和观念，就能让自己更靠近他们。这话没毛病，但成功人士之所以这么说，是因为他们的时间已经非常稀缺，而不是他们从一开始就去践行这句话，从而成为他们成功的一部分，这个因果关系要搞清楚。

很多人容易把结果后的行事准则当成结果前的原因之一，这就犯了大错误。甚至有人同意这个观点是为了得到一种错觉——仿佛自己的时间也更加值钱了，手上的钱也更加多了。这是更大的谬误。

其次，这种看似反直觉的语句，当转念一想，还真发现自己也曾有这样的经历和感悟的时候，就会比陈词滥调更能引起人的认同。毕竟许多人都是以知道别人不知道的东西为荣，所以一个人人都知道的 90 分道理和一个很少有人知道的 70 分道理，多数人都会把后者提升到 100 分的高度。

那么应该能花时间就绝不花钱？那肯定也不对，不在一个极端并不意味着在另一个极端。事实上，我本人却正是其部分理念的践行者之一，很多事情能请人就请人，能花钱就花钱，只有核心价值的、不可替代的部分由自己完成。

按照比较优势理论，这样做的好处是显而易见的，那就是更有效率。相比于 A 事，你更擅长做 B 事，那么你就多做 B 事，用做 B 事的部分价值去交换别人做 A 事的价值就行了，这样你的总效用就会比同时做 A、B 两件事更大。

虽然它看上去部分正确，但依然面临一个可适用性的问题。对于钱多、时间少的人，它的确适用，但对于钱少、时间多的人呢？如果盲目效仿，很明显就完蛋了。

本来你就是一个要拿时间来换钱的人，现在反而拿钱去换时间？那么这些换来的时间是否能产生出等量或者更大的效益呢？这是一个很重要但很多人都没有思考过的问题。

有钱人拿着一大笔钱哪怕只换来“偷得浮生半日闲”，也是异常值得的。但对于多数人来说，时间本来就多到要打发的程度，哪怕这份时间能用来挣更多的钱，也亏爆了，因为本来就有更廉价的时间可用啊，为何要多花钱去省出更贵的时间呢？时间也是有边际的。

究竟是该花钱，还是花时间，这得视谁是稀缺资源来定。

虽然时间对每个人而言永远是稀缺资源，但我们考虑资源的分配和使用优先的时候，考虑的永远应该是“更”稀缺的资源。

万事都得考虑成本与收益之间的关系。钱是哪儿来的？也是付出时间来的，哪怕是一本万利，也最多是投入产出比的关系，不存在无须付出时间就能有收益的情况。这样就很清楚，无须用似是而非的模糊理论去解释。

所以，正确的思考方式应该是：“我打算拿多少钱，去换有多少产出的时间？”

在找不到更廉价的时间的前提下，这个产出如果还是换成钱，那么在这个过程中只要增值了就该花钱。这个产出如果是换成快乐、幸福等抽象情感，如果跟钱相比，你更缺后者，那么也该花钱。

这些都是需要比较着来的，而不是你一小时价值 100 元，结果自己一小时能搞定的东西，非得 200 元外包给别人，自己省下一小时时间，这是小学一年级学生都不会犯的算术错误。

的确，相比起来，成功人士都显得更爱花钱，但这只是因为拥有同等多的钱时，他们的时间成本比你高而已。如果花出去的钱高过了他们的时间成本，他们一样会选择花时间。

同样，当你的时间更加值钱的时候，你自然而然地会在以前某些舍不得花钱的地方花钱去换时间，但这么做，不是因为你成长了，懂得了拿钱换时间这个道理，而仅仅是多少时间和多少钱的一场对应关系而已。这根本不是什么方法论，只是每个人的本能。

所以如何达到这样的“高度”？重要的不是盲目地模仿他们成功后的行为模式，而是得先拿时间换钱，将自己的闲置时间尽量用来“换钱”，提升时间的利用率，这样平均到单位时间的价值才会更高。等到了积累的红利期，当单位时间回报的钱越来越多的时候，你的行为自然就会自动调整，无须模仿。

正确计算时间价值

很多人会抛出一个疑问：“既然要衡量钱和时间的比较价值，那么时间价值该如何定量呢？我怎么知道自己的单位时间价值约等于多少钱呢？”

很遗憾，单位时间价值是没法精确计算的，除非是全知全能，因为影响它的因素实在太多了。不过虽说如此，还是有一些最基础的算法和需要考虑的因素，可以让每个人在估算的时候尽量接近自己单位时间价值的准确值。虽然无法做到百分之百精确，但在大多数时候已足够我们做决策之用了。

首先，每个人的单位时间价值都有一个最基础的算法。如果单位时间是分钟，那么就约等于你的每分钟收入。如果你除了朝九晚五的工作外没有其他收入，假定年收入是10万元，那么简单一除，就知道你的每分钟时间价值约为2毛钱。为什么不以每年工作251天，一天工作8小时来计算单位时间价值呢？因为任何时候使用时间都是有成本的，你完全可以365天、每天24小时不停地工作，但这样你这台“人体机器”就会受不了，所以你的休息时间包括睡觉时间等，其实都占用了你本可以用来创造价值的时间成本。单从创造价值的角度来看，睡觉也是你对自己时间的一种“荒废”，虽然每个人所需的最短睡眠时间是必要的荒废。

这样的算法就解释了上一节最后关于尽量利用闲置时间来换钱，以此提高自己的单位时间价值的建议了，因为原本你闲着的时间也是会拉低你的单位时间价值的。

学会这个基础算法之后，你就能给自己的单位时间进行一个初始的估值，但这依然和真实的时间价值相距甚远。比如利用这段时间学习但尚未产生回报的这部分价值如何计算呢？你只能在后期的回报中动态计算这部分的价值，当前就不得不选择模糊计算，且这个模糊计算的精确性还因人而异。

这样就可以了吗？当然不行，你还得考虑自己做某事是否一定要使用某段时间来完成，有没有更廉价的时间可利用呢？如果有更廉价的时间不用，比如毫无效用地“煲剧”（可能连快乐等正面情感都不一定会产生），却使用其他时间段去学习，那么你的这部分时间成本就不能用放弃某些高价值的机会成本来计算了，因为计算时间价值永远是从限定规则内的最廉价时间开始算起的。

除此以外，某个时间段有可能产生的新机会该如何估算呢？这肯定是隐性的时间成本，但对于非全知全能来讲，这完全是强人所难，因为你根本不可能知道如果自己不做A事转而去做B事，会发生什么。

所以除去了解基础算法，我们还必须将很多模糊的判断加在算法上面。虽然可能不够精确，也不够全面，但养成全面思考的习惯还是很有必要的。随着加入算法中的参数越来越多，估算经验的不断丰富，这个结果会越来越近似单位时间的本来价值，只要不与十分接近的金钱数量互相比较来做决策，那么我们几乎总能做出对的决策。若是金钱多少与时间价值十分接近，其实也有好处，就是不管如何选择，总不会错得离谱。

时间是关于选择的艺术

努力和选择哪个更重要

经常有人问我，努力和选择，到底哪个重要？

其实我很想回答，都重要。但既然人家问了我哪个重要，要是回答都重要，那就是无效回答，因为你回答了一个人家可能并不想知道也没有问的问题。

努力的重要性无须赘述，但是选择呢？

选择，是关于如何使用接下来的时间的决定。比如你选择玩游戏，比如你选择复习功课，比如你选择通宵加班等。如果说努力可以使某件事的程度加深，那么选择就是往哪个方向去的问题。

方向大于程度，这是一个常识。在正确的方向上，行一步就有一步的效果，只是快慢和机会获取上的区别。而在错误的方向上，走得越快生命就被浪费得越多，参照“赚时间”的反概念。

这一点在职场上也体现得尤其明显。

埋头做事的人要取得成就通常要有一个正确的选择作为前提，否则肯定是事倍功半，最后没准还会怪罪于时运不济。而将大部分精力花在选择之前的人，往往在深思熟虑做出相对正确的选择之后，就能够相对快速地前行。

两种人都在花精力，但花在不同的地方，后期的投入产出比可能就完全不同。看似两者是运气的问题，其实是行事方法论的差别，看似是天意，其实是人为。

这样看上去好像努力跟选择之间的“段位”相差很大，其实也没这么大。如果一定要选一个，选择确实优于努力，但在两种选择的后期发展和想象力相差并不大的情况下，努力程度的差别也是非常重要的。

在现实生活中，这两件事通常并不矛盾，甚至它们都有同一个最终目的，那就是“赚时间”。将有限的精力合理地分配给两者，也只是为了找到效率的最优解，从而更好地赚取时间而已。

选择做什么、不做什么

既然选择是关于如何使用时间的决定，那么我们该如何“选择”使用我们的时间呢？也就是当我们面临不同的情境时，我们该选择做什么、不做什么。

有一种很简单的分法，根据事情的紧急和重要程度，我们可以把所有的事情简单地分成四个类别：

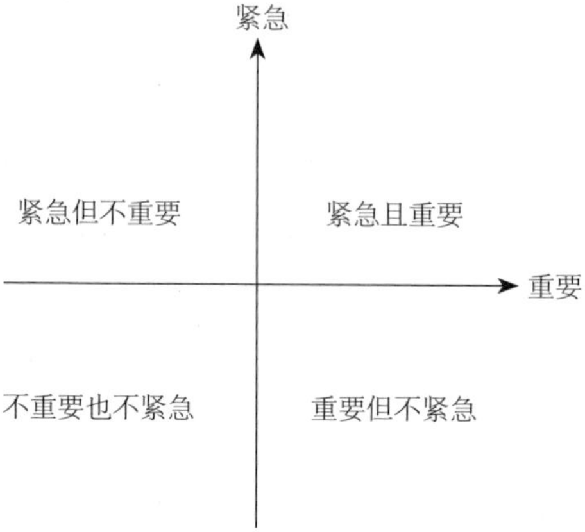

如图所示，你应该一眼就能分辨出第一象限的是我们会优先选择立马花时间去做的事情。第三象限就正好相反，是我们最不容易选择在上面花时间的事情，不仅现在不会，而且拖着拖着可能就忘了。对于时间异常稀缺、时间价值相对较高的人来说，甚至可能是需要刻意忽略的事情。

最难做出选择的是第二和第四象限，究竟我们该优先选择重要但不紧急的事情，还是紧急但不重要的事情？

对于多数人来说，做完第一象限的事，自然就轮到第二象限，因为紧急，所以哪怕不重要或不那么重要，也得规避眼下看得见的有可能造成的损失，我把这些人称为“消防员”。消防员的职责顺序就是先处理第一象限，紧接着就是第二象限，紧不紧急是第一优先，重不重要是第二优先。

然而在人生里，消防员可能并非最优解。对于紧急但没那么重要的事情，看得见的损失不管大不大，就在眼前；但对于重要却没那么紧急的事情，很多人就会由于长期收益或长期损失太遥远而懈怠。

我们曾详述过该如何正确计算学习的价值，其实这种计算非短期价值的方式，都是通用的。每一份长期收益都可以被拆成若干短期收益，只是长期收益通常回报周期较长，因此在计算它的短期价值时通常要进行分段，还要将分段后得到的短期价值进行暂时储存，完成长期目标后才一次性取出。

很多时候我们会有一个错觉，就是觉得紧急的事情一般都是重要的，这是不正确的，紧急和重要是两码事。比如你有一个电话，很紧急，但对你来说不一定重要，可能只是无谓地浪费了时间。再比如你要学游泳，很重要，但并不紧急，今天开始学也行，明天也不是不可以，只要在掉下河淹死之前学会就行。

所以当我们对时间进行选择的时候，要客观理性地选择合适的计算方式，计算这些选项究竟分别能带给我们什么样的收益。这并不容易，除了懂得如何正确计算以外，还要客观地评价损失，毕竟损失带来的负面情绪远远大于同等利益带来的正面情绪。

时间用在哪里，决定了我们是谁，请时刻保持清醒的头脑，快速判断可见损失和隐性收益之间的关系，避免让厌恶损失的惯性心理控制我们的心智，做一个会选择的艺术家。

正确赚时间的重要法则

提升时间的使用效率

时间的确很重要，但怎么赚呢？这是另一个问题。

我们说赚时间有两个维度，一是单位时间有更多的产出，二是同样的时间和产出下让自己的时间经历更丰富。先来说说前者，单位时间有更多的产出，换言之，就是要提升单位时间的使用效率。怎么提升呢？这里有八大行之有效的黄金守则。

列出条目任务

多数人的一天都是浑浑噩噩的。到了晚上合眼之前，试着回想一下今天都干了些什么，很多人说不出个所以然来，好像做了很多事，但又似乎没做什么重要的事。

从小我们就被教育：做事要有计划。于是，我们试着早起将当日的计划写得满满当当。然而如果每天都需要如此严谨地对待工作和生活，怕是多数人都坚持不下来，况且列计划本就是个很耗时间的事情，它会将你本就不多的闲暇时间又挖走一块。

高效建议：要摆脱“混日子”的状态，就要试着将每日的任务列出。这会不会很耗时？不，只需把当日重点要完成的任务条目式地列在某张便笺（或手机便笺）上即可，一两分钟就够了，无须事无巨细，也无须做额外的标记和说明，且随时可增添和删减，完成一件就划掉一件。注意是划掉，而不是直接删除，千万别小看这一步，它会清晰地告诉你一天内究竟干了多少事。

寻找高效时段

大脑的活跃程度和精力的聚焦程度在每天的不同时段是有很大差异的，每个人都不太一样，所以千篇一律地号召养成早睡早起的习惯其实并不正确。

每个人都有自己的高效时段，有的人是清晨，有的人是夜晚，还有的人是中午或下午。要提升自己在单位时间上的使用效率，就该先找到自己的高效时段。这很容易，试着将同一任务放在不同时段简单测试下就能知晓。

高效建议：在明确了自己的高效时段以后，尽量把每日最烧脑或最希望完美收尾的任务放到这一时段来完成，以保证脑力的高效利用。

远离噪声干扰

在日常的工作进行时中，明明工作任务尚未完成，为何总是会忍不住刷刷微博、看看微信群、翻翻朋友圈？作为一个有好奇心的正常人类，我们很难对“叮咚”的声音充耳不闻，很难对闪着小光点的黑屏手机视而不见，很多人都有红点强迫症，有信息恐慌症。

这都没有问题，因为这都是正常现象，但这种容易即时获取的猎奇心理和乐趣很容易就会刺激多巴胺的分泌，并让我们无法停止。

高效建议：选择尽量安静且不容易被打断的环境进行重要工作。我有很多作家朋友在写作时旁边都是不放手机的。为什么我举这个例子，因为写作是利用整块时间做事的典型。这么做的目的就是让自己得以保持长时间的专注，避免好不容易聚拢的思绪被突然扯断，增加时间的无效损耗。

合理利用碎片时间

除去每天用来处理重要任务的大块时间外，我们还拥有许多被割裂开来的碎片时间。它们就犹如做完衣服剩下的下脚料一样，已经无法再用来做成一件完整的衣服。因此，这部分时间就经常被弃之如敝屣，例如，等人的 10 分钟、下班前等着打卡的 5 分钟等。

然而这些下脚料并非全无用处，我们有一些需大块时间才能完成的重要任务，也有一些只需碎片时间就能完成的小任务，例如，随时随地进行无器械健身，或者阅读一篇有营养的文章等。

高效建议：利用碎片化的时间做碎片化的事，例如，你可以利用在地铁上、公交车上的时间，或是在每项任务之间的间隙，来完成一些碎片任务，这样至少可以降低很多明面上的时间损耗。

减少后台运行

很多人会在某项任务遇到阻滞时，选择将其暂时搁置，随后开始处理一项新的任务。在新的任务遇到阻滞时，又转而处理一项更新的任务。这个过程有点类似操作系统上多任务的后台运行。

不过这样做有一个不太好的地方，由于你刻意回避困难，因此每项任务都卡在了关键处，哪样都捞不起。之后，你就会感到莫名的心情烦躁，因为你的后台任务如此多，当你处理 A 时，一直惦记着 B，当你处理 B 时，又同时惦记着 A、C、D……你发现自己无法集中精神，因为大脑这个中央处理器已经满载，正疲于奔命。

高效建议：处理任务时如要选择暂时搁置，尽量处理到阶段性收尾，尽量少做后台运行，以便能最大限度地将自己的注意力集中到当下的任务中，这对我们“解题”是有帮助的。

降低切换频率

很多人喜欢在某个时间段同时干两件事，这无可厚非。如果你的大脑这个中央处理器的处理能力足够强大，数量不多的多线程处理对你来说，也许易如反掌。但部分人有个很不好的习惯，他们喜欢频繁切换。比如手边放着两本书，先翻开 A 书看一点，再翻开 B 书看一点，回头再看点 A 书，再看点 B 书……如此循环往复，频繁切换。

频繁切换的最大坏处在于隐性损耗。试着回忆在你专心工作之时，被突如其来的事情打断，当你半小时后重新回到电脑前，普通人至少需要 5 分钟的整理才能将脑细胞的触点恢复到与之前工作相关的活跃状态。这 5 分钟就是损耗，切换越频繁，损耗就越大。

高效建议：在对宝贵的整块时间进行利用之时，与其让切换间隙的损耗白白流失，不如集中力量先将某件事做好。如果一定要进行切换，请减少切换的频率。统筹很重要，损耗的规避也很重要，需要自己找平衡。

明确任务目的

由于人是天生的多线程动物，因此，我们在处理任务时常常会“跑偏”。比如找几个朋友谈点事情，明明主题是合作推广一个新产品，聊着聊着就变成了家长里短，最后在时间紧迫的状况下只能拿出一个四不像的方案草草收尾。

这种事情十分常见，并非朋友之间只能聊工作不能谈感情，而是理清任务目的和主次是我们高效利用时间的关键。

高效建议：每个人都必须时刻牢记自己当下的任务目的——我来这里做什么，当下的主要任务是什么。多线程处理并没有问题，但必须时刻保持界限。很多人认为这只是有关自控的问题，其实有没有养成任务目的第一性的习惯才是关键所在。

挤挤，再挤挤

当很多人说“我没有时间”的时候，并不一定意味着真的没有时间，而是他们不愿舍弃或减少做 A 事的时间去做 B 事，但事实上当真的有更紧急也更重要的 C 事出现时，那些每天看似忙得焦头烂额的人还是能挤出时间去完成的。

很明显，时间的弹性是非常大的。如果我们一周有 56 个小时是在睡觉，那么哪怕我们真的看上去非常忙碌，假设一周工作超过 70 个小时（已经是不小的工作强度了），也还是有 42 个小时可以自由支配的。我想，除去陪伴家人的时间，只要你想，依然是可以做很多事情的，甚至再增添一份工作都没有问题。

高效建议：当一个瓶子被石子塞满时，你依然能往里加沙。当它被沙填满时，你依然能往里加水。不要认为原来既定的时间计划就不能动，当有更重要的事情出现时，别急着说自己没时间，先去对比有没有更不重要的事情可以被替代。

这八大黄金守则是提升时间使用效率的关键。为什么同样多的时间内，有些人能够做那么多事，有些人却碌碌无为？这都是使用时间方法论上的差别，而这种差别，则会直接导致成就上的差距。

丰富自己的时间经历

正确赚取时间的另一个维度是丰富自己的时间经历。

很明显，如果你在流水线上一直重复同样的事情，那么哪怕你将时间的利用率调整得再高，我也不会认为你赚到了时间。因为几十年如一日本来就是一日，不仅没有赚到时间，而且单纯从时间的角度讲，你就是在荒废生命。

时间经历是一个很玄的概念，我们可以将其简单理解为人生的内容，我们用多少时间，替自己赚到了多少内容。所以赚时间的本质在于赚内容，而在相同内容被同类叠加之后，单项内容的厚度和内容的类型数量则决定了时间的长度。

那么，我们该如何选择使用时间的方向呢？什么时候我们该深耕积累厚度，什么时候又该跳脱到新领域？这中间的尺度该如何把握？

有一个简单的计算原则，那就是性价比。

财新传媒主编王烁讲过一个很有意思的另类二八定律，说一个人如果肯认真学习，花上 20% 的精力就能在某一领域做到 80% 的成绩。在大多数领域，这是符合实际的，因为大多数领域并不存在多高的学习壁垒，基本一段时间后，游戏规则和小技巧都已经摸得很透了。如果这个人要继续接近 100%，就非得把剩余 80% 的精力花上去才行。道理也很简单，多数领域都是易学难精，从 0 分到 20 分，肯定比从 80 分到 100 分容易得多的，所以越到后面，每精进一点就要加倍地花力气。

有人会很疑惑，这不是跟第四章的“时间—收益曲线”矛盾吗？不是说在到达快速增长点之前，花 10 分力气才有 3 分收益吗？为什么这里花 20% 的精力就能做到 80% 的成绩呢？

其实两者并不矛盾。因为第四章的曲线是“时间—收益曲线”，而这里不是收益，而是掌握。在大多数领域，只要没有什么高的学习壁垒，通常你都可以在短时间内从零开始迅速提升到及格分，但到了及格分，并不意味着能拿到及格的收益。

资源是按排名来分配的，而不是绝对值所占的比例。如果公司里的人对这个领域的掌握程度都是 85 分以上，那么你的 80 分也只能拿到最微末的收益，但这并不表示你掌握的就比他们少多少。

当我们耗费同等的时间和精力在某一领域，进步却开始明显趋缓，这就是时候考虑去别的地方“赚时间”了。这并非对匠人精神的不敬，只是从使用时间的性价比来看，如果花费四个 20% 的精力，可以在四个领域做到 80%，通常来说，不管在成就上，还是时间经历上，都会比在一个领域花上 80% 的精力，最后做到

90% 的程度要更加出色，也更加划算，前者都还没算上各个领域之间的跨界融合所产生的差异化竞争力和创造力。

从世俗的角度来说，通常把由生到死叫作一辈子，那么每个人显然都只能活一辈子，这就是为什么我们要赚时间。既然有上限，那么多赚时间就可以比别人活得更久，这是对生命最原始的渴望。始终将时间的性价比放在对时间的使用选择之上，则是实现这种原始渴望最理性的方式。

第五章

没人真正为你好：

重新认识关系

人与人的关系，多数人搞不懂

人生在世，免不了同各类人交往。交往的对象不只是陌生人，跟父母、孩子、爱人、朋友相处也需要正确的方式。我们在很多时候都会用错误的方式跟其他人交往，要么收效不佳，要么浪费生命，这都源于我们对自己和其他人的关系本质认识不清，于是，在对各种关系的处理中疲于奔命。本章的主旨在于帮你理顺自己同他人之间的关系，从而找到最适合自己的应对模式。

突围方向

从我接触的很多人来看，大部分都不是很明白人与人之间关系的真正核心，包括亲子关系、男女关系、亲戚关系、朋友关系，以及人与人的其他关系等。

也许这些认知大都跟你目前头脑中的认知相悖，不要紧，用逻辑的方法去审视总是正确的，不要受到世俗教育的迷惑。人是功利的，这个无须回避，生活中也到处充满了算计和谎言。我们需要做的，就是挖出事物的内核，看清事物的本来面目。

认知清单：

• 行善或者关心他人，本质上都是为了自己。

• 划清自己的界限，尊重他人的界限。

• 父母并不总是为子女好。

• 我们对某件事物的情感并非是对事物本身，而是对我们自身附着在事物之上的各种念想和辛勤劳动等。

• 恋爱和婚姻要保鲜，只有不断提升自己在社会属性上的吸引力。

• 亲戚关系将渐渐失去存续的基础。

• 正确的社交方式是极少量的长期社交加大量的短期社交。

• 用人情来模糊化社交上的等价交换，是想占便宜，因为人情按“个”计算，而不是价值。

• 情商从广义上来说也是智商的一部分，它的高低并不以是否懂得做某些特定的事为依据，而是以是否达成预定目标为判断准则。

• 找准自己的社交定位，少做无用功，不要把消费账户和工作账户搞混。

• 知恩图报并不正确，既然知了恩就不要图，要马上报，因为恩情会随着时间被打上折扣。

人和人之间，需要一点界限

行善有时是作恶

人与人之间的关系应该是怎样的？什么样的相处模式才是最优的？

有人觉得相处嘛，很简单，我总是给他人提供关心和帮助总是不会错的，只付出而不求回报，这应该是最稳妥、最不容易得罪人的相处模式了吧。很可惜，有这样的想法就入了误区，关心和帮助他人都不是随随便便就能做的。有些人内心强大，不那么需要他人的关心，于是你可能很容易就会掉入“过于热情”的陷阱，反而给对方造成困扰。

关心，在我们的世俗认知里，似乎一直是一个褒义词。在很多人心里，只要是出于关心的初心，那么无论是做了什么十恶不赦的事情，顶了天也就是“好心办坏事”，是方式和方法应该改进的问题，而不是该不该做的问题。

其实这种对关心世俗的理解是有很大问题的，关心和打扰是一对双生兄弟，只是后者看上去似乎更不礼貌一些。但其实在很多时候，两者并没有多大的区别。

这就跟我们行善一样，我曾在公开场合多次讲过，行善也是需要经过他人同意的，能理解的人却寥寥无几。为什么？我们捧着一颗善心做善事，问心无愧，你接不接受是你的事，我做不做是我的事，为何非要经过他人同意不可？

因为他人可能未必需要你的善意。

有一个认知希望大家扭转过来，我们行善的这个行为，其实是在帮助自己，而非他人。不管我们是想让自己更高尚，还是更有优越感，抑或是更有同情心，总之，我们是真心实意地想让自己更快乐。除非我们是在受到了某些压力的情况下做出的非自愿“行善”行为，这就跳出了我们通常讲的行善范畴，因为目的就已经不是出于善本身了。

关于“施”和“受”，有说施比受快乐，有说受比施快乐，那么到底是哪个更快乐一些，这得看哪一方的意愿更强烈。在自愿的前提下，从快乐的角度出发，其实双方一直都是平等的。施也好，受也罢，并不存在谁欠了谁一说。

回到我们刚才的疑问，我们可以根据自己的意愿去随意行善吗？显然不能，因为你想在未经允许的情况下，靠着影响他人而给自己带来快乐，这几乎肯定是不对的。理由很简单，因为影响到了他人而未经他人允许。之所以多数人认为这一行为没问题，是因为我们在大多数时候都是缺世俗资源的一方，于是才对他人“施”的这个行为的需求更大，对获得世俗资源这件事也更能感同身受。

但其实关心也好，行善也罢，在对方没有提出明确请求的时候，仅仅是我们自己有意愿。而在我们关心或帮助完他人之后，对方是否真的得益或得到了对方想要的益尚且不知，我们自己是肯定先得了益的，因为遂了自己的心愿。所以我们在判断的时候，得看清真正的受益者是谁，而不该先假定对方必然受益。

不恰当的、不顾他人意愿的行善，就是作恶。很多人在行善时遇到对方不领情的情况，都会迸出对方“不识好歹”的想法，虽然不会说出口，但其实仅是想想，就已经不是行善，而是作恶了。你想想，一个人为了自己的快乐，强行与他自以为的别人的快乐绑在一起，当发现两者并不一致的时候，竟然不立足反省自己，反而用偏见去看待和鄙视对方，这不是作恶，又是什么呢？

划出自己的领地

人与人相处，多少都需要一点界限。这并不是说，我们就该做独行侠，就该冷漠，而是每个人都应该清楚地知道，自己在与各种关系人的交往中，应该保持怎样的分寸。同时，划出自己的领地，警戒他人应该跟我们保持什么样的分寸。

每个人都该有自己的领地界限，虽然范围可大可小，但绝不能没有。没有界限，领地就无从谈起。

划出界限就意味着你在自己的领地四周筑起了高墙，我们有时候也将其称为“原则”。高墙以外的公共区域，是交流区；高墙以内的私人区域，是警戒区。警戒区是不可侵犯的，一旦有人闯入，你就得端起自己的枪，告诉别人谁才是这里的主人。

社会上会有很多人教你说“不”的艺术，告诉你要如何委婉地拒绝，如何为对方保留足够的面子，如何解释自己并非不想帮忙等。但这些圆滑的策略也并不总会奏效，很多时候，模棱两可的说辞只会让对方认为事情有转圜的余地，从而不停地说服你。当对方最后发现无论如何也无法让你就范的时候，他的内心可能会更加反感。“早知道就不跟你多费口舌了，浪费我这么多时间”，他可能会这样想。因此，当你想说“不”的时候，你只需说“不”，可以礼貌一点但无须过于谦卑。你要知道，在自己的领地，无须经过对方允许才能拒绝。

领地界限并非固定，也是无时无刻不在动态调整着的。小时候当别人调侃我们的某个缺陷的时候，可能触及了我们的界限，但长大后再提起，也许就不会太在意了。这说明我们在这件事上的界限范围往里缩了，我们留给他人可供交流的区域变大了。往外扩也是同理，不同时期在不同环境下，我们会一直微调自己的界限。

在人与人的交往之中，当平行交流或实力不明的时候，多数人都会想争得比对方更大的话语权以建立交往优势。因此我们经常会在不知不觉中试探他人的界限范围，目的只有一个，那就是在尽量保证和平的前提下，替自己谋到更多的利益。就拿开车来说，在没有隔离栏的路上，新手通常会尽量往右靠，但老司机会告诉你，这样是不对的，你该尽可能往中间走，这样才能在跟对面来车的博弈中争取到更大的可避让空间，避免因突发避让撞到右侧的非机动车或行人。

当我们通过擦边球触碰到他人的警戒区，察觉到对方的抵触心理时，会暂时退出来，然后在潜意识里画上一条警戒线。在重复上述行为几次之后，人与人之间的交流区就这样被建立起来了。

尊重他人的界限

如果说划清自己的领地界限是我们在交往时拥有安全感的先决条件，那么尊重他人的界限则是维持交往的重要因素。前者让自己保持愉悦，后者让他人感到愉悦。只有同时满足了这两个因素，有质量的交往才能长时间地维持下去。

尊重他人的界限看上去很简单，很多人也是这么认为的，但事实上却并不容易。在同陌生人的交往之中，我们很容易就能做到尊重他人的界限，因为那个时候我们对彼此并不熟悉，我们小心谨慎，保持着足够大的安全距离，这也是建立一段浅关系总是很容易的原因。

但在熟络了，甚至是交往的频次变得很高了以后呢？我们越走越近，工作、生活的交集越来越多，尤其是当我们在人情往来之中，都自以为对对方还有一点恩惠的时候，我们是否还能控制住自己不踩过界呢？很难。

根据对自己的界限和对他人的界限的处理态度，我们很容易就能将身边的人分为以下四类：

	尊重他人的界限	侵犯他人的界限
划清自己的界限	独立型人格	占便宜型人格
没有自己的界限	老好人型人格	共享型人格

占便宜型人格就是——你的就是我的，我的还是我的。多说无益，对这类人避而远之就是了。老好人型人格常见于某些公司同事，对人和气、人缘好，但很容易被人当作情绪垃圾桶和保姆，长久下去自己痛苦，别人还容易不把你当回事。共享型人格常见于好兄弟或无心机的七大姑、八大姨，他们通常会非常热心地帮助你，但同时也很容易踩过界，入侵你的私人空间。虽然他们可能没有坏心，但有些时候会令人很不自在。

真正的高效交往来源于两个拥有独立型人格的人之间的交往，他们从不以爱或关心的名义踩到对方的界内，而是只在公共区域进行交流与合作。他们会询问对方的建议，但从不对对方的决定进行干预。他们可能会请求或接受对方的帮助，但从不会为帮助对方而过度牺牲自己。

这种交往界限才是刚刚好的，是温暖而有安全感的，独立而又负责任的。

父母伟大，
但没有那么伟大

父母总是为子女好?

人和人最好的界限就是相互独立，但仅这样还不够，我们还需要弄明白不同人之间的具体逻辑关系。

我经常被人问到父母和子女之间的问题，这些问题大同小异，但都有一个共性，那就是对亲子关系的认识模糊不清。许多人由于被“有毒”教育洗脑过久，导致对客观事实视而不见，只愿意固执地相信那些与自己现有的杂乱不堪的认知系统相融的东西，于是，自然对于超出这个范围的事实难以理解，以至于处理不好一些基础的事情。

在父亲节、母亲节的时候，我们都会看到很多形容父母伟大的词句，煽情异常。还有的学校搞感恩教育，弄得全场哭声一片。然而，这里面除了满满的噱头和营销之外，其实对于我们认识客观世界毫无帮助。

很多人都毫不怀疑地认同，父母永远为子女好。稍微有一点思考能力的人，会认为父母的出发点的确是为子女好，但有时容易“好心办坏事”。不过之所以偶尔给子女造成困扰，也仅仅是因为方式和方法的问题。这些理解都没有正确理顺亲子关系的核心。

父母这种生物，跟“对子女好”之间是没有什么必然的逻辑联系的。通常，父母都会尽力将子女抚养到有独立能力为止，不过这就足够伟大了吗？这种行为在鸟类或者哺乳动物中也很常见，是嵌入基因中让种族得以顺利延续的一种天性，非人类独有，而“伟大”这个词显然也不是这么用的。

如果硬要将这种行为说成“爱”也可以，但这是一种初级的冲动，一种没有多少理性成分、没怎么经过思考的“爱”，跟我们通常说的爱是有区别的。就像你的天性就是要进食，若是因为你的进食行为从而让某些物种得以更好地生存，那么该物种就该认为你很伟大吗？显然没有一毛钱关系，但该物种若是没有一定的认知能力，也许是会这么认为的。同样的道理，子女作为受惠的一方，因为性命得以保全，自然容易将这种天性视为莫大的恩惠。因此，从古至今，在智慧未开化的时候，我们一直将其视为高层次的“爱”。

不过在子女有了独立能力以后，很多父母还是会继续尽心尽力地抚养，显然就不能用天性来解释了，而是根据社会现实分为很多种原因。比如父母受到社会的道德压力——“因为周围人都这样，所以我不得不这样，否则会被人指指点点”；比如父母有攀比需求——“谁的孩子更牛，谁就更牛”。这就直接导致很多父母用近乎变态的方式逼孩子成长为他们想要的样子，这背后除了“为孩子好”以外，可能有自己的攀比私心在作祟。比如父母在长期抚养中形成了“默认价值观”，那就是“抚养孩子天经地义”“我的一切都是孩子的”“孩子是我的延续，跟我是一体的”等，这使得他们人为将自己的行为合理化了，并用从中得到的快乐强化这种“默认价值观”（这也导致一旦子女的反应与他们的期待不符，很多父母会愤怒）。比如父母在子女身上付出过多，以至于没有了自己的生活，形成了巨大的沉没成本。此时所谓的“爱”，已经转变成自己的青春甚至是生命，于是一旦跟孩子的关系断开，等于一二十年的时间都白白浪费了。此时“戒断反应”会非常强烈，滋生了潜在的道德绑架可能。再比如养儿是为了防老，“我现在这么做，是给我的未来买一份保险”……

我们普遍认为的“爱”里就有很多种其实是“非爱”的。当然还有一大堆我们一眼看上去就根本不爱的，比如卖孩子、把孩子当出气筒等。所以，所谓的“父母总是为子女好的”，这一点已经无须复杂证明就能知道是荒谬的了。

亲子“天性”并不天然

父母对孩子的情感很复杂，虽然通过以上分析，我们知道了父母的那些看似真心实意为孩子好的行为，其内核很多都并不纯粹。但父母对孩子的关心和情感，有时又不像是有目的的，这一点我想很多为人父母的人都深有感触，那么问题出在哪儿呢？在于我们并没有将情感的对象搞清楚。

我们会对某个老物件有感情，我们会对某个玩了很久的游戏账号有感情，我们会对某个人有感情，这些感情的对象是什么，是老物件、游戏账号或是人本身吗？我想很多人都没有真正想明白。

人在与世界的互动中，一直进行着塑造与反向塑造。我们不断地将自己的某些信息加到其他人或物的身上，同时也通过接收其他人或物的信息来改造自己。所以当我们对某人或物做出某种行为之时，我们就将这个行为所包含的全部内容加在了对方的身上，对方可以拒收，也可以曲解，但那是在对方的世界里。在我们自己的世界里，内容是我们自己定义的，也就是说，不管对方收不收，反正我们的大脑是认为我们已经加上了的。

于是，不管老物件、游戏账号有没有意识，对我们而言，那些曾经令我们印象深刻的记忆是存在的。不管孩子领不领情，对父母而言，曾经千辛万苦的抚养行为是存在的。

你跟这些东西的所有交集，构成了你的情感来源，而非这些东西本身。这句话或许不太容易理解，希望你反复阅读一下。那么，我们情感的对象是什么？其实是我们自己的“分身”。我们对凝结在其他东西上面属于自己的那部分产生了情感，我们付出得越多，情感就越浓烈。

所以，所谓父母与子女之间的亲情是什么？很遗憾，世俗认知中的亲情是虚构的，真实存在的只是父母与自己那么多年付出的心血、精力、劳动之间的情感。如果父亲与子女从母亲怀孕开始就素未谋面，几十年后相认，他们之间是根本没有亲情的。如果看似有，那一定是诸如“孩子是我生命的延续”“不认爹娘就是不孝”等错误认知和社会道德压力在起作用，这不是情感。同理，当某些富人的宠物犬丢了之后，为什么这些人甚至愿意花费宠物犬原价格的100倍悬赏找回，而普通人可能不会出这么高的价格？因为在付出同等时间和心血的前提下，富人的时间价值比普通人值钱，于是他的情感价值自然比普通人值钱。偶尔有几个普通人也愿意出很高的价格，那是因为他们付出的心血更多，于是情感总值就水涨船高。

那么，从孩子的角度来看，又对父母有哪些“天性”呢？

很遗憾，孩子的确有印刻和跟随的天性，但并非是对父母的，而是出于生存需求。中国人有句古话，叫“有奶便是娘”。这句话对孩子来说是很正确的，是不是亲生的，这并不重要，在没有能力独立生存的时期，生存才是最重要的事。因此，孩子对父母的信任是基于“不得不信任”和“不得不依附”。这里面当然有情感，关于情感的由来我们已经说得很清楚，刻意升华情感并自我感动是不正确的。

所以你看有些孩子，父母对他付出了很多，但他往往并不懂得感恩，是他天性特别坏吗？当然不是，是父母不懂人性，用了错误的方式对孩子好，就不要怪孩子“忘恩负义”。

很多父母跟孩子的关系常常是单向的，父母千方百计讨好孩子，孩子却并没有同父母产生互动，所以仅仅是父母把自己的心血加在孩子身上。那么父母自然对孩子有感情，因为父母对自己的心血有感情。但孩子并没有，所以孩子怎么会对父母有感情呢？就算孩子有那么一点点“感恩”，那根本就是靠教育强行洗脑出来的，并非出自人的天性。一旦有利益大过了背弃教育的羞耻感，这种模式马上就会崩溃。

因此，如果父母希望跟孩子之间能够长时间地保持一个互相有感情的友好状态，那么就得多提供孩子为父母做事的场景。不要以为这是压榨孩子，其实一味对孩子好才是真正的自私，因为对孩子好是使父母心情愉悦的本意，符合本意的当然是自私，但我们的教育却常常把这种自私扯成无私，实在是荒谬之极。

恋爱和婚姻，是基于利益的模糊博弈

恋爱如何保鲜

提及恋爱，大家都有一些模糊的概念，就是我们大约能判断哪些状况叫恋爱，却很难给它下一个明确的定义。如果用法律上的分法，将结婚证作为分界线，那么得到结婚证之前的类婚姻状态，叫恋爱。然而这样粗暴的分法显然不符合人性逐渐解放的现代社会，因为恋爱形容的是一种主观感受上的状态，是自然产生、天然赋予的一种状态，而婚姻却是人为规定的一种权利与义务，这两者可能连同一个范畴都算不上。因此，我们还是得抛开“人赋”的东西，从天然的形态上去分析。

恋爱的目的是什么？其实很简单，动物也好，人类也罢，目的只有一个，那就是求偶。

基因有生存和延续的需求，人类作为它的载体，“受命”替它完成延续的任务。于是，求偶和交配就成了人类被编码好的天性，恋爱则是达成这个天性的前戏。

为什么要有这个前戏呢？因为生物发展得越高等，基因片段就越多，后代个体数目就越少，寿命越长，越值得花更大的成本。于是，为了获得更优秀的遗传性状，交配的选择就是一件不能马虎的事情。而越是慎重的交配行为，前戏就肯定越久，因为要考察的类目越多、时间越长，一定得要一段充足的时间让双方尽情地展示才行。

当我们费尽千辛万苦最终求偶成功并完成交配行为时，恋爱的原始吸引力开始减弱。注意，这并不以是否拿到人为颁发的结婚证为转移的。有人说："不对啊，通常我们在性行为后不是还会保持一段时间的恋爱关系吗？"是的，但此时原始吸引力的确已经开始递减，维系你们的是残存的原始吸引力与其他来自社会和心理方面的吸引力，原始吸引力递减的速率与性行为的发生频率成正比。

除了原始吸引力以外，其实心理吸引力也是一样的。两个素不相识的人，从对对方产生兴趣开始，就会像加勒比寻宝一般探索着对方身上的奥秘。你可以从对方口中听到形形色色光怪陆离的故事，也可以跟随对方的经历踏足那些你不曾抵达却向往已久的土地，你们都能在对方身上看到更大的世界。然而有句话叫，爱情始于心仪，殁于相知，当相处时间不断变长，双方的经历不断趋同，可探索的区域必定大为减少。任一个人再学富五车、巧舌如簧，也无法天天在大眼瞪小眼的下班时间里给另一个人的大脑持续提供新鲜素材。于是，心理吸引力也是一样，在可探索区域的存量被“掏完”之后，就会开始走下坡路。

这里最终可能只有社会吸引力是可以通过自我提升而逐渐增加的，其余都是游离于我们的可控范围之外的。所以现实非常残酷，要持久地保持恋爱吸引力，只能不停地提升自己在社会属性上的吸引力，同时将性行为和日常相处的频率降低，直到正向增加与反向减少的速率相等，那么所谓的“恋爱保鲜”才能实现。至于保持浪漫之类的，只是餐后甜点而已，因为吸引力本身才是前提。如果一个丧失了吸引力的人对着你浪漫，只会给你带来反感。

婚姻双方的博弈

我们往往把婚姻看得很神圣，因为那些山盟海誓终于要兑现成对彼此的责任和义务，似乎人性得到了升华。其实这一点必要也没有，将一件事进行主观的情感拔高就容易偏离事情的本来面目。

婚姻制度并非天赐，而是人为，是为了方便人与人之间的合作而设立的。对于统治阶级来说，它使得社会状态相对稳固。孤家寡人更容易做出一些不利于安定团结的事，有配偶、有子女就有了牵挂，人就多了一层顾虑，更容易管束。对于个体来说，它使得多数人减少了生存成本，本来夏天开空调，一个人付电费，现在两个人挤一个地方，开一台空调两个人受益，费用也可以均摊，长期搭伙过日子就有助于减少支出，其他成本也是同理。社会总的生存成本减少了，总效益自然增加，于是，统治阶级和个体就一拍即合，弄了个婚姻制度出来。

婚姻，是一份有约束力的契约，这种约束力体现在它将两个人的很多东西绑在了一起。只要在契约上按下手印，违反的一方就要遭受损失。于是，当你明明不想跟对方搭伙过日子的时候，在衡量这个损失和那个损失哪个比较大以后，没准也就忍了。离婚的阈值提升了，社会结构相对稳定的目的也就达到了。

有人会说，婚姻也不都是如此功利，因为爱而结合的婚姻也很多啊。的确很多，但你首先得了解“爱”是什么。

世间任何情感的产生，都源于利益，爱是其中的一种情感，当然也一样。先别急着用现有的观念进行排异，试想一下，无论是偏好颜值也好，喜爱性格也罢，产生爱意的前提肯定是对方有吸引你的地方，这种吸引你之处必然是在未来于你有利的。

我们的大脑有一个模糊计算系统，它会实时对外界与我们自身的交互进行权重加分。当你在为另一半拧瓶盖、开车门、拎重物甚至创造惊喜之时，可能并未有意识地精确计算价值和回报，但你的模糊计算系统已经快速地为你进行了模糊计算，那就是做这些事可能会引起对方的好感。对方保不齐就会给你回报，也许是一句赞赏，也许是一个拥抱，也许是一个吻，也许只是对方心里的加分，但这种加分可能会在未来转化为更为实际的回报。这一系列的模糊计算都在一瞬间完成，引导我们做出对自己最有利的选择。由于时间太短，几乎像条件反射一样，因此我们意识不到。

“爱”也是模糊计算后的结果，是我们在无意识的状态下对最大化自身利益的一种选择。其他东西同理，而走入婚姻则是众多相关利益互相博弈后的决定。是不是没有那么高大上了？这就对了，若是两个人之间没有了企图，没有了利益，情感自然就不复存在。

有人说，既然婚姻是如此功利的计算，为什么还有人在婚后对瘫痪的伴侣不离不弃？照理说，始于利益该终于利益才是，那么这些不求回报的付出难道不是游离于利益之外的婚姻责任吗？

我一点也不怀疑这些人的真实动机，但很多人对责任的理解可能有点偏差。

责任有强制和非强制之分，我们经常会混淆法律层面的强制责任与道德层面的非强制责任。法律上的责任是一种惩罚，这种惩罚源于国家强制机关。当你未能履行这项责任时，你就得遭受相应的惩罚。道德上的责任非强制，虽然也有惩罚，但这种惩罚多源于压力，源于背叛道德教育以后的自我谴责。

因此，在法律未强制规定的情况下，夫妻一方对另一方行使道德上的婚姻责任，并非是一种多么高尚的行为，而是一个长年反复深受道德教育的人，为趋同社会的主流价值观，逃避内心的负罪感而产生的自然而然的行为。它的本质依然是自利，因为一旦不执行，就难以承受内心被狠狠鞭笞的心理煎熬，只不过这种自利在执行的同时也利他了。

所以本质上，履行或者不履行婚姻责任都是一种基于自身利益的选择行为。

如何让合作持续下去

既然婚姻是一次忠于利益的合作，那么如何将这次合作尽可能长久地维持下去呢?

当我们进入婚姻状态之后，彼此之间是应该有一些共识的。这些共识可以不必趋同于社会的普遍共识，比如保持肉体与灵魂的忠诚等，因为婚姻是单对单的契约，每一对婚姻都有其特殊性，无须使用同一套模板，但我们一定需要有一些双方都认可的重要共识，并落实遵守。

当共识被其中一方打破之后，需要通过坦诚交流回到原有的共识或者迅速建立起新的共识，这中间可以伴随惩罚，但只要是还想继续合作的，就不要在过往中停留太久。有的人可能会反复提及对方曾经背叛共识的行为，来试图增加对方的内疚感，趁机提升自己在婚姻中的地位和掌控力，这是非常愚蠢的。

一个人如果试图在婚姻里占据绝对主动，就已经失去合作的基础，将合作变成了压迫。只要这种想法一产生，婚姻就会不可避免地走入囚徒困境：如果你为自己着想，那么我当然不能吃亏；如果你不为自己着想，那么我为自己着想就更合算了。一旦走入这样的循环，婚姻的内耗就会大大增加。虽然表面上看起来一方可能最终赢了另一方，但往往整体利益也被伤害了。所以从绝对值来看，大家都亏损了，仅仅是谁亏得更多而已。

婚姻不是敌进我退的零和游戏，而是一次将团体和个人利益最大化的团队作战。这两种利益是有机统一的，在首要保障团体利益的同时，追求个人利益最大化。当两者相矛盾时，妥协一部分能接受的，留下一部分底线。全盘放弃个人利益的合作肯定不会是一次好的合作，理由很明显，这不会是我们进入婚姻的初衷。如果进入婚姻以后需要将个人利益全盘放弃，那么进入婚姻本身就已经成为一个失败的决定。

因此，要维持一个长久的合作关系，彼此都需要让对方有一些危机感，让对方有小小的忌惮。也就是说，将婚姻这个状态置于非绝对安全的境地，让双方都能认识到，如果不努力增加自己在社会属性上的吸引力，合作随时都有破裂的可能。

跟囚徒困境恰恰相反，这就很快会成为一场良性的“军备竞赛”，参照恋爱模式。这种合作方式虽然在个人意识上打破了“形式上的安全感”，但无疑可以通过增加社会吸引力来稳固婚姻的“实质安全感”。同时，这场你追我赶的自我提升之旅，与婚姻的整体利益是相一致的，就算有一方稍稍跟不上，至少合作的态度摆在这里，而且也不会差到哪里去，于是，这场关于婚姻的合作便可以相对稳固地持续下去。

亲戚
并不意味着
更亲密

亲戚和亲密的关系

在我们的印象中，有一些关系可以无须利益牵制，只需亮出关系本身就能拉近人与人之间的距离，其中很有代表性的一种就是亲戚关系。

八竿子打不着的，只要通过哪个人的亲戚关系拐到你这儿了，那就算是“亲人”，顿时就能亲密起来。很明显，亲戚关系本身只是一张亲密关系的传递图，但根据六度理论，地球上所有的人都可以通过六层以内的熟人链和任何其他人联系起来（也许最终不是六而是七，但并不重要），为何通过亲戚关系的传导后就显得特别亲密呢？很明显，亲戚关系被人为地赋予了一些额外价值。

要知道亲戚关系为什么能让人与人之间变得更亲密，就得弄清楚人们缘何会赋予这种关系额外价值。

亲戚，分为亲和戚，亲指族内，戚指族外。它的含义很复杂，从狭义上来说，只要跟你有血亲或跟你的血亲有姻亲的都是你的亲戚。从广义上来说，亲戚的亲戚也能归类为你的亲戚（对亲戚连接的层数并没有明确界定）。于是，我们对亲戚这个概念本身就没有一个确定性的结论，因此法律上当然也是没有这个概念的。

既然如此难以界定，那么亲戚关系这个概念是如何形成的呢？皆因需求所致。原本动物里是没有这个概念的，顶多直系亲属之间可能会一起生活一段时间，然后，就没有然后了。可人不同，人懂得合作，知道“抱团取暖”才是提高集体存活率的好办法。那“抱”谁呢？最方便的当然就是“抱”那些离自己最近的人了。

由于古时候谈不上什么交通工具，因此基本在哪儿出生的人就在哪儿想法子求存，交流方式也比较原始，自然就极少有规模性的人口流动。因此，在同一个地方一起求存的多数人之间就多多少少有点儿关系。尤其是血亲和姻亲，见面的次数多，交集也多，“一大家子”的概念就这么形成了。之后就慢慢形成了族，有了族长、族人的概念，这时团队就开始庞大起来了。

族的概念和亲戚类似，都是为了生存而聚集起来的团体，团体成员之间互相协作、互相帮助、互相信任，共同面对困难、抵御外敌。

但是族也好，亲戚也罢，这些所谓“关系”的产生，都是有特定时代背景的，那就是生产资料极其匮乏、生活方式极其原始、与外界的联系极少、不得不重度依赖小区域协作来满足基本生存所需的时代。就算一个人非常有能力，但由于没有便利的交通和信息流动，社会分工又比较粗糙和原始，这就让个人能力的变现变得极其困难。在那个时候，“亲戚”概念的产生几乎是个必然，因为每个人都不得不依靠同身边人的协作来生存。

然而，时代总是在进步，世界永远是向着更高效、更易连接、更细分工的方向发展的。我们几乎可以肯定，亲戚这个概念一定会进入博物馆。这只是个时间问题，因为人们不再需要它求存了。

不用到很远的未来，哪怕是现在，不管你会干点什么，几乎都能让自己的服务匹配到相应的需求，同时也能轻松兑换到你想要的任何等值的东西，那么我们自然就无须只选择跟身边的人进行协作与抱团，因为距离不再成为一个问题。

当“亲戚关系”的额外价值逐渐淡去，谈亲戚必亲密的说法也将成为无源之水，渐渐失去存续的基础。

不见走亲，只剩访友

亲戚的概念要淡去也是需要时间的，而且还分地方。有这么一个现象，越是在大城市，走亲频率越低。而离城市越远，则走亲频率相对越高。是不是真如很多人所言，城市多冷漠，少了些许人情味儿呢？

这就看你对“人情味儿”是如何定义的了。中国人讲究人情，主动做足面儿上的礼数，一般两个原因至少占一：一是被社会口水裹挟，认为想融入大众群体就只得跟着行事；二是想占便宜，希望用人情来模糊化自己的目的，试图用低价值去交换高价值。这也很好理解，因为亲戚关系讲的是“情”，对利益交换的感觉淡一些，在这里低价值的人更容易与高价值的人攀上。而人情又是按“个”来计算的，并不以价值大小为转移，于是，就给了很多人“钻空子”的机会。

因此，很可能并不是城市里少了人情味儿，而是因为城市人的生活圈子更大，对走亲这件事也看得更为透彻，他们更乐于平等相交，乐于将“走亲”并入“访友”。当利益因素被最大程度地从交往中剔除时，我们才能以最舒适的姿态享受情感。

注意，将“走亲”并入“访友”并非只是某一个群体的做法，而是未来的主流。有越来越多的人，正在慢慢朝着这个方向走。可以对照一下自身，是不是跟不太容易相处的亲戚走得越来越远了？既然都是亲戚关系，为何我们变得渐渐只愿意跟好相处的亲戚相处呢？因为亲戚的概念正在淡化，朋友的概念正在加强。

亲戚关系以血缘和婚姻等因素为关系来源，是无从选择的，而朋友关系，却是以兴趣、利益为结交来源，是自愿形成的。当我们结识陌生人的成本越来越低，信任成本越来越低，与人协作越来越便捷、越来越不受地域限制的时候，我们会倾向于哪一种关系是不言而喻的。

我们常常以为自己还在走亲戚，其实走的只是朋友了。

你是在社交吗？你可能在瞎忙活

社交的必要性

在我小的时候，只要家里的零食或者糖果有多的，父亲就会往我口袋里塞上两把，说："去学校里分给小朋友们，拿去交交朋友。"

当时懵懵懂懂，但隐约有一点社交的概念，大概就是拿东西去收买人心。你有东西给别人，别人就会跟你玩，同时朋友多了，在学校里也不容易被欺负。

后来长大一些，我反而变得羞于社交，大约是知道了社交是出于利益（以爱好相交也是，快乐也是一种利益）。于是，很是为自己的"不道德"感到羞耻。因为在我们的传统教育中，朋友是很纯粹的，友情是高尚的，而我竟然藏着"龌龊"的目的……

再大一些，受到环境的局限，我开始抛弃这等羞耻行为，混入“假装成熟”的大军，似乎跟谁都是朋友，只要说得上一两句话，下次就得装熟络，也因此学会了一些违心的客套话。好像这样，才叫作老练和“会做人”。

虽然不知道“会做人”有什么用，但我想至少多个说得上话的人总比多个对头好。况且大家都这么干，那总归是有用的吧。之后，由于经历和思考的不断丰富，开始弄明白了社交究竟是怎么一回事，于是，到现在几乎没有了社交。

注意，是几乎没有了社交，不是完全没有了社交，这两者是有很大区别的。当然有值得我长期花费精力去维系的关系，但非常稀少。

有人说，平时不走动，当你需要朋友帮忙的时候，怎么会有人帮你呢？其实一个人需要朋友帮衬的时候并不多。不要理解错，需要朋友帮衬的时候并不多，不代表需要人帮衬的时候并不多。我们肯定是需要人帮衬的，因为我们非但无法靠自己搞定所有事，甚至无法靠自己满足基本的衣食住行，然而我们之所以还活得好好的，肯定不是因为朋友的帮衬，而是我们拿钱换来的。

那么，既然可以用钱或者其他资源交换，大多数时候自然就不需要去贴人脸了，只要深耕自己的领域，让自己拥有足够多的可交换资源不就解决了？

之所以还需要长期社交，肯定是为了一些用资源买不到的东西，比如说某些快乐等。如果可通过资源交换解决，那就一律用短期社交来进行资源交换就行了。

社交的内核

由此可见，我们正在进行的大部分关系维系，基本都是没有什么必要的，正确的形式显然应该是极少数的长期社交加数量极多的短期社交的组合。这种短期社交的等价交换看上去很不符合中国传统的“礼尚往来”，因为过于赤裸裸，过于利益化。

其实这是人们的错误理解。礼尚往来本就意味着等价交换，但人们多数时候喜欢用漂亮的外衣将其包裹，把一个等价交换的事变成“人人为我、我为人人”，看上去似乎就高尚得多了。然而这种高尚事实上是不存在的，因为“礼”必须对等。不信？你试试去参加婚礼，人家送你 1000 元红包，你回敬 200 元，看对方将来会怎么对你。

所以话说得再漂亮也改变不了等价交换的内核。之所以很多人喜欢用“人情”来模糊化这种等价交换，使其不容易赤裸裸地计算出价值，也是出于一种占便宜的心理。我们在上一节刚刚提到过，因为人情是按“个”计算的，谁更狡猾，谁就能得利。

低价值的一方总是想打人情牌，这是可以理解的，因为在往来中更容易“阴”到对方。高价值的一方呢？大都喜欢等价交换，因为不想被占便宜。所以如果你去领导家送过礼，就会发现当你出门的时候，老江湖的领导总会让你带走些什么。你以为领导特别看得起你？不是的！这代表不拖不欠，免得你拿一点土特产就想来换升职，从而让自己掉进你设下的“人情陷阱”。

在长期的社交博弈中，“一不小心”就会导致利益受损的关系就会比较脆弱，容易友尽。如今，人们都学会了只跟资源相近的人交往，因为这样的话，无论是利益相交，还是人情相交，都相对安全。

我大学时期就读的是经济学院，然而我并不认为自己学到了多少经济学知识，因为经济学流派实在太多了。在接触了更广阔的经济学领域之后，我才发现大学里教的，只是九牛一毛而已。

然而学习经济学思维却比现成的经济学知识更加有用，当我们学会用经济学思维去思考问题并加以扩展和改进时，就能解决很多其他领域的问题。比如人情社交这样的小九九，长期来看肯定会达到平等相交的纳什均衡。于是，不思提升自我交换能力，而单纯用喝酒吃肉去套近乎很明显就是一个愚蠢的决定。因为别人都不傻，喝酒吃肉就跟你喝酒吃肉，除此之外免谈。于是，这样的社交方式就很容易做无用功。

哪怕某次运气好被你交换成功了，你很有可能要付出“尊严”的代价。也就是说，你用多次的酒肉交换，付出大量的社交时间，最后换来的是一个拿尊严换价值差价的机会，用来交易的主体是尊严，不是你认为的人情。而酒肉铺垫全是前戏，是场景，并不是真正拿来交换的筹码。这些概念都要好好区分，不能搞混。且这种好运就算有幸被你撞上，也就那么一次。下次这招基本失效，因为面子这种东西是会耗尽的。

所以，当我们看不清社交关系的内核时，就容易事倍功半，导致瞎忙活。看上去天天在外面应酬，却没有多少产出。

找准自己的社交定位

很多人只知道“出门靠朋友”“多个朋友多条路”，他们的社交是盲目的。之所以是盲目的，是因为他们大都分不清成本和收益的关系，喜欢为了社交而社交，只因这样看上去比较符合社会的主流认知——至少我也像个“老油条”，看上去没那么傻，或者这样不会被人说成情商低下。

其实“情商”这个词，我对它是有保留意见的。情商，是一种对关系的处理能力，可以分为处理与自己的关系的能力和处理与他人的关系的能力。很多人以为看上去忙忙碌碌的社交状态就是情商高的表现，其实这是对情商的误解。

许多人并不清楚，其实情商是效果导向的，它需要有敏感的自我感知和感知他人的能力，通过灵活应对来调控自己和他人的情绪。最终情商的高低，是以有没有达到你预想的目标为依据的，而不是以你有没有做某些特定的事为判定准则的。

这种自我管理和面对具体事情的应对能力，其实如果要说得广泛一点，都是可以纳入到智商的范畴的。也就是说，广义的智商是包含情商的。正是由于你懂得了如何做某事的好处，或者你看到了这样做的长远利益，你才选择这样做，这属于广义的智商范畴。

有这么一个人，开车违章在路口被交警逮到，此人拿出手机一通打，用尽了各种关系，终于将事情摆平，成功避免了处罚。不过紧接着，就大摆了一桌，请相关领导吃饭喝酒花了 2000 元有余。像他这样的社交方式，就属于典型的分不清成本和收益关系，守个规矩乖乖交个罚款不就150块钱的事，何必这么麻烦，搭出去的不仅是钱，还有大把的社交时间。这不就是典型的智商不足的体现吗？

要摆脱这样无谓浪费时间的状态，有一种方法，那就是每次出去社交，先分清楚，这趟出门是去干什么，想达到什么样的目的，究竟成本和收益关系如何，是否有必要。

别看这么几个小小的问题，很多人是回答不清楚的。

社交有两个账户：消费账户和工作账户。每个人出去社交，都至少带着一个。其中消费账户负责消费，比如用时间买快乐等。工作账户负责工作，比如用时间达成利益交换等。

很多人出门时，通常都带着两个社交账户出去，结果最后往往都只使用了消费账户。

于是，他们会认为自己明明在外面应酬那么辛苦，为什么社会那么不公平，没有给予他们应有的回报。这就是认知错误了，因为你的大多数社交时间要么是想用低价值去换人家的高价值，妄图在社交中浑水摸鱼；要么每次使用的都是消费账户，玩得不亦乐乎，可努力在哪里呢？

因此，清楚地知道自己每一个社交行为的意义非常重要。我不反对追求功利交换，只要目的明确，不坑蒙拐骗就行。我也不反对追求个人快乐，也请别将它跟努力混为一谈。

通过以上分析，我想大家都清楚了社交行为从长期来看，是不能有“占便宜”的心态的。那么既然我们可以通过对等交易来扩展自己的资源使用范围，也可以通过自我增值使自己有能力同更有价值的人进行交换，时间又是不可再生资源，究竟偏向哪个更合算呢？

这就得视每个人自身的情况而定了，以你对自己的了解，来给自己一个相对较合适的社交定位。每个人的进步都同时需要这两种行为，只是各人的比例不同。偏向哪个，取决于你认为自己更适合做资源掮客，还是孤独的专注者。

选择资源掮客这条路的人，就要努力向平台化靠拢，重心在于理顺资源之间的交易价值和可应用范围。专注这条路的你，只能将小部分精力用于交换价值以外的自我价值提升，目的也只在于获取更多更高价值的可交换资源，将平台做大。

注意，将平台做大这件事仅仅是扩展资源交换的可能性，而不是工作的核心，你的专注核心永远应该在创新资源的交换方式上。什么叫掮客？能联系双方的才叫掮客，而不是你单向认识了一群牛人就行了，如何用更好的方式将素材组合到一起，这才是资源掮客的核心。

选择孤独的专注者这条路的人，社交就不该是你的工作重心了，基本能推的社交要全部推掉，别怕得罪人，因为对你而言，绝大多数人除了浪费你的时间外，毫无价值可言。你要将几乎所有可用的时间和精力都用于专注自己的进步，只能分出一小部分到节骨眼儿的必要交换上，只是为了提升进步效率。

这里有个例子，就是乐视的创始人贾跃亭。贾跃亭就是一个典型的孤独的专注者，莫看他在资本市场上长袖善舞，其实他的社交比例非常小，不过他很懂社交。曾经有人说，如果一位你认为“值得交往”的朋友夸你的新车漂亮，“慷慨”的你也许会把车借给朋友开几天，而贾跃亭会直接送给他。

对于孤独的专注者来说，社交的比例小而关键，但正是因为平时节省了社交时间，所以在精益求精的社交上才需要有魄力拿出更多的交换价值。这是代价，只要在同等时间内，因专注于进步上的产出高于同等时间在社交上获得的交换价值，这条路于你而言就是更有效率的，反之亦然。

当你对自己有了一个清晰的社交定位，你会发现生活中的很多犹豫都有了决策依据，这会大大提升你的时间使用效率。

所以请不要再瞎忙活了，社交并没有错，前提得有效。

可以选的话，先付出

大部分的有效社交，都是对等社交，这并没有问题。但在对等社交中，还是存在一个先后的问题。从小到大，父母、老师、同学、领导、同事，哪怕是恋人，他们的所作所为似乎都在告诉我们，要想不吃亏，就要做被动的一方。

道理是显而易见的，在双方底牌并不十分清楚的前提下，主动付出的一方往往是盲目的，他先将自己的筹码摊了出来，或者先让你受益，然后交给你选择。而被动的一方则更有针对性，可以根据是不是划算来选择应对或者不应对，自然就很难吃亏。

这事在社交上是不是也是如此呢？很多人认为是，也是这么干的，所以要提醒一下，其实这些人都是吃了大亏的。

在社交上，先付出的人看起来似乎也是风险很大的。万一得不到回报怎么办？很多人会有这样的想法。

不过他们可能忽略了一个变量，那就是数量。从单个社交来看，主动的一方也许并不占便宜，但从总量来看，单个乘以数量才有意义。于是，在数量巨大的情况下，在单个上的盈亏只要不是太离谱，就不会有什么统计意义。

事实上，只要你挑选的社交对象跟你自身拥有的资源基本匹配，多数时候都是能获得等价回报的。理由就是，多次博弈的收益稳定性肯定高于单次博弈。于是，在明显跟你博弈不会太吃亏的情况下，多数人还是会选择回报你，从而跟你建立起长期互利的关系。

坚持不主动付出的人，也许他在单次博弈中从不吃亏，但由于跟他博弈的人数量并没有那么多，因此收益的总量也就并不大。

所以看到这里，你就应该知道了，我们在对等社交中不仅要主动付出，而且要狠狠付出，让更多的人多多受益，先于你受益，那么很多时候就会有意想不到的好运降临。

其实再想想，这是天赐的“好运”吗？这分明就是践行方法论的人为啊。

知恩图报？知恩就得马上报

知恩图报有问题

前面一节我们详细分析了关于社交的内涵，以及如何选择适合自己的社交方式，再同之前的势利与人缘的概念结合起来，大概很多人都明白了，在社交中要保持长久的独立性，平等是一个非常重要的状态。

当然，与我们打交道的对象如此之多，要都是平等相交也是不太现实的。有时候我们会“高攀”，有时候我们也会“低就”，但有一点，虽然我们在整体资源上可能不如别人，但我们可以在自己擅长的领域为对方提供力所能及的回报。毕竟，牛人也不是处处都牛，很多时候也是需要帮助的，这就是我们通常说的“知恩图报”。

不过我们通常说的这个词可能并不是那么准确，如果要按它的准确意思来说，做法又不太恰当。

知恩图报，这四个字很好理解，你既然知晓他人对你的恩情，就该谋划未来在合适的时间给予对方回报。图，谋划、筹划的意思，比如“以图东山再起”。

很多人会说，这也没错啊？且慢。这个世界上，有很多自认为知恩图报的人，其实大多数的恩都没有报上，但他们自己也许并不这样认为。我接触过很多这样的人，他们有着极其良好的道德优越感，言必称自己饮水思源、知恩图报，但在其他人眼里，却全然不同。

为什么会出现这样的偏差？因为“图”与“报”之间有时间差。我创造过一个新的名词，叫“恩情折扣”。

顾名思义，恩情折扣指的是任何恩情都会随着时间的流逝而被打上折扣，且时间越长，折扣率越高。

当你求他人给你一个大恩情时，此时的恩情价值最高，因为事情还没搞定。比如你想谋求一份年薪 10 万元以上的稳定工作，你愿意付出 10 万元以上的报酬来得到它。此时你的内心想法是，大不了我一年白干，至少未来的收入稳了。

当你真真正正得到这份工作时，你的心态起了细微的变化。你会告诉自己，虽然他的作用的确至关重要，但你自己的努力和争取也必不可少。此时你的内心虽然还是非常感激，但你可能只愿意拿出半年的薪水来回报他，你成功将他的恩情降了 50 个百分点。

如果你一直想着，现在薪水还不够，我要养家，我要旅行，我要换房子，我要换车子，等我升职加薪以后就有余钱来回报他了，那么可以预见的是，他的恩情会再次随着时间而缩水。但你本人并不觉得，你会认为，我不是不回报，我是知恩图报的人，我正在积累、正在图，只是晚一点而已，等我有更大的能力时，我一定会回报的。

当你对自己的道德感进行洗脑之时，也许你已悄然在新公司度过了 10 年。这中间有升职，有加薪，起起落落对你来说已属平常，你渐渐记不起，自己是什么时候拥有的这份工作，你也记不起，自己是如何才得到的这份工作。你记得，那个人帮过你，但映入心底的多年得失交织在一起，让那个“恩”在你心中的比例再次降低。你只记得为了升职自己是如何拼命熬夜，只记得工作中如何赢得老板的信任，只记得出差时如何机智地保住公司的声誉。现在的一切是你应得的，是你自己拼了命挣来的。

现在的你已经看不上公司新入职的小职员，正如你已经忘了当年你有多么渴望进入公司做一个小职员一样。很多的“恩”就这样被我们不断稀释，直到最后，只剩下一个念想，你安慰自己说：“这么多年，逢年过节我都去他家拜访，也算是记得他的恩情了。”此时，他的恩情价值就被折扣成逢年过节的拜访了。

价值要即时回馈

“天下十谎”之一的“下次请你吃饭”，不知道有多少人说过。

当别人给予我们帮助的时候，我们说：“下次请你吃饭！”以便让自己、让他人认为我们不是个不记恩的人。但大多数情况下，我们只有在下次又有事情找他的时候，才会请他吃饭。这顿饭还不是我们自愿的，只是怕人家这次不帮忙了才不得不请。

我们都会找各种理由高估自己的道德感，但当我们麻痹自己的时候，现实会给我们一记又一记响亮的耳光，结果就会造成“施恩方”和“受恩方”认知不一致的情况。

我的朋友曾经帮过一个人，自认为对对方有很大的帮助，而这个人也争气，抓住了几次机会，后来“功成名就”。虽然在我看来，我朋友能给予的帮助也仅限于领进门，但朋友内心里一直认为，如果当初没有他的帮助，很可能这位成功人士现在什么都不是。虽然这位成功人士一直尊敬着他，只不过十几年过去了，恩情折扣快打没了，也就剩尊敬了。

朋友贪杯，且有个很坏的习惯，一喝多就爱乱说话，爱装大爷。好几次朋友都在贪杯了以后提起这个事情，想来对方也是反感，在其他场合表达了虽然朋友的帮忙很重要，但最重要的还是自己的努力的立场，然而这事很快就传到了朋友的耳朵里。接着在一个非正式的场合里，朋友借酒劲说他不记恩。来回传话的人多得不得了，自此，就一直不走动了。

没意识到恩情折扣，没及时还上，就会造成认知不一致的状况，一方认为对方寡恩薄义，另一方认为对方小题大做。

这个世上很少有人懂得价值的即时交换的重要性。价值的即时交换就是，你为我做了什么，那我又能即时提供些什么。这样看上去是不是很功利？很功利就对了。

每份广义上的恩情在未达成前最大，但由于未实施，那时还未能称得上恩情，真正意义上的恩情是在刚完成的那一刻达到峰值，接着就会随时间慢慢衰减，因此价值交换应当讲究即时性。

这种即时性回报的行动策略并不是出于对你道德上的拷问，而是真正值得追随的人际交往策略。

不管对方是否需要你的回报，你的回报都会带给对方惊喜和愉悦。这既是为下一次潜在的互助可能性打下基础，同时也是一种增进人际关系的好方法。你可以让对方看到，自己能有即时回馈，任何时候帮你都不白帮，而在你有了即时回馈之后，你们又回到了同一水平线上，而不是在接下来的社交中，你始终处于不平等地位的状态。

有人说，如果我找不到可回报的方式呢？当你发现“无以为报”的时候，请切记，每个人都有短有长，只要你们双方都是人，你就一定有能提供给他价值的地方。这只是你愿不愿意多花一点精力观察、寻找，以及回报的意愿是否强烈的问题。

延迟回报，对于先付出恩情的一方很有可能是不公平的。如果你真的想更好地跟他人建立起长久的对等合作关系，无论对谁，养成“知恩即时报”的好习惯都会让你受益。

第六章

如何过好这一生：重新认识人生

人生最重要的
那些道理

人生中有很多重要的东西，但总有一些是相对来说更为重要的。我们从与自己的关系讲到与他人的关系，从金钱讲到知识再讲到时间，这些都决定着我们的人生质量。现在，所有的认知汇集到这最后一章，让我们开启智慧，俯视自己的人生意义。

突围方向

我们从自己讲到他人，从金钱讲到知识，从时间讲到人生，这些都是决定人生质量的关键点，也是一个层层递进的过程。

当我们真正认识到这些逻辑和概念，并可以忽略周围人不认同或怀疑的目光时，通常意味着我们走在了他们的前面。当然，随着社会的发展和进步，他们一定会亦步亦趋地跟上，但任何事都是有先来者红利的。知识和思考当然也不例外，理清人生的逻辑就能成为人生赢家，这并不是说说而已。

认知清单：

- 人生没有起跑线，也没有假想的跑道。如果要用游戏来表示，应该是一个自由度最高的游戏。

- 人生的最大意义在于体验，总是体验重复和相似的风景，其实在人生的时间利用率上是吃亏的。

- 说不想努力的人，不是不想要努力后的结果，而是惧怕努力要付出的成本。

- 努力有着许多“坑”，并非仅是看上去努力就能达成目标。

- 很多“坑”是达到一定高度前不可避免的，那么踩“坑”其实是越早越好，越早损失越少。

- 格局是每个人的认知层次，下层没法看清上层的世界。

- 学习和职场一样，长期来看，都是专注自身最划算。

- 提升格局首先要勇于打破自己的积累，看得到往上有更高层次。

- 合理分配投资和消费的比例，合理安排投资和消费的时间点，是提高人生使用效率的两大关键。

- 幸福源于比较，但不论是跟他人比较还是跟自己比较，这都是大脑能调整的事。

放弃吧，人生没有假想的跑道

活着的意义

最近十几年，到处都能看到一句振奋人心的标语：赢在起跑线。有时我不禁在想，究竟是这些商家黑了良心，还是他们竟然连自己都骗，又或者是他们真的是这么以为的。

他们用这样一句简单的口号，撩动了现代社会千千万万人的焦虑，那就是试图用世俗的成功标准去定义每个人的人生意义。诚然，世俗的成功重要吗？对大多数人而言，当然是重要的，长期能够维持世俗的成功本身就代表了你为社会做出过不少贡献，社会这才给予你足够多的回馈，可以让你拿着这些回馈满足自己的欲望。

整个过程如果说得直白一点，其实扯不上贡献和情操这些东西，就是一个欲望的流转和交换。你满足别人的欲望，别人满足你的欲望，钱只是衡量满足了多少、重不重要的一个尺度，是大家公认的用来交易欲望的硬通货。

显然，稍微有些智慧的人都不会认为人生的意义在于无休止地满足欲望。有人说，这么说说当然很容易，但当被现实磕得头破血流的时候，你很难不把所有的人生目标转向世俗的成功。是的，这么说对于某些个体来说也没有什么错，但持有这种想法的人，本身就没有提取出真正的人生智慧。

我们每个人都有欲望，但欲望有强度和范围。欲望更强、范围更大的人，本身就更容易被现实磕到，因为他们在意的范围更大，在意的事更多，能忍受的程度也更低，于是，他们也更容易曲解人生的意义。

这是一个自我加强的循环，当他们越来越认为这些就是人生的全部时，自然会对自己的处境表示担忧。当他们身为父母之后，又会对孩子的未来产生焦虑，并开始提前为孩子"避坑"（自己的坑没能力避），在起跑的时候就用力地将孩子推出去，以便让他获得一个较快的初始速度。

不过，人生这条跑道似乎是假想出来的。孩子们从来也没有说他们要去哪儿，是那些自以为他们要去哪儿的人当下想去哪儿，于是认为这些事对孩子也同等重要，至少在未来会同等重要。

人生的意义是个太大的话题，大到甚至可以再写一本书，但无论如何，我们降临在这个世上，肯定不是为了固定地从这里到那里，然后光荣地完成使命，因为我们本就没有任何使命。

很多人对身外之物有一种执念，这很正常，因为当下的资源从当下看总是有限的，而且注定向少数人集中，所以稀缺的东西就肯定被多数人垂涎和惦记。不过很多人并不明白，其实财富也好，名声也罢，都是社会暂时寄存在我们这里的。我们只是获得了如何将其回馈社会的选择权，却并不在真正意义上拥有它们。

人生是经历，这不是什么没营养的鸡汤。我们永远在不停赶路，试图从一个目标到另一个目标，但其实我们人生的全部，却是在此过程中将客观事物反映在脑子里的那些思想、记忆和情感。这些东西与别人都无关，只跟自己有关，也就是我们活着的全部。

当我们一点点将自己与他人的关系剥离开来时，很多人会有不适感，似乎这个世界只剩下冷冰冰的自己。其实世界就是如此，我们处理跟所有人之间的关系，都只是为了更好地生存与协作。当然我们会贪恋其中的某些情感，但我们自己要清楚，我们的所有行为都是为自身服务的。就连看上去最无私的“舍己为人”，前提也是这么做最符合自己的价值观，或者让我们最没有负罪感，或者我们希望得到一些赞许，又或者我们认为是职责所在等。因此我们做出的选择永远是把自己放在第一位的，否则就不会做出这个选择。

我们的生命里，一直都只有孤独的自己。

自由意志下的体验

起跑线这回事比较扯，我们刚刚说了，很多人会认为人生是个跑道，必须不断追赶前面的人，直至死亡。然而死亡并不是真正的终点，死亡只是你的终点。

哪怕用竞争的眼光去看待跑道，那么和谁竞争是个问题。和同龄人竞争？社会竞争可不会管你是几岁。和同行竞争？行业只是一个属性，也许明天人家就不卖茶叶蛋，改修水管了。和自己竞争？变得更好的确可以算是一个目的，但怎样才算更好？更聪明，更有品位，更有地位，还是更有钱？

很明显，对于大多数人来说，竞争的最终目的是争夺资源，就算有些人是为了自己内心的追求，那么导致他产生这种“追求”想法的，大概率也是资源的拥有者可以获得更多肯定和尊重的类似前提。

人生本没有跑道，跑的人多了，就有了一条道。我们都害怕漫无目的，所以需要为自己做的事情找一些可能原本并不存在的意义。竞争不代表不正确，但我们的真正目的应该在于体验。在山脚下看到的风景和在山顶上是不一样的，所以我们该努力体验一下山顶上的风景，却不该把爬上山顶当成自己的目的。

对人生的认知程度决定了每个人的行为，如果把山顶当成目的，那么一生就不得不为守在这个山顶而努力。然而爬完这座山，还有下一座。在这个山顶一直赖着不走，其实跟待在同一座山的山脚是没有本质上的区别的。一条既定的跑道上注定只有相似的风景，从“丰富自己的时间经历等于赚寿命”的观点来看，其实在对人生的“时间利用率”方面就已经吃了大亏。更何况，就算是最世俗的目的，沿着大部队的路跟着别人一起跑，也未必能快速到达山顶。

其实人生更像一个开放式游戏，进入游戏后，每个人都需要自己找任务，根据自己的意愿去努力，然后达成各种成就。但这些成就有什么意义吗？没有，就给你自己看着玩。这个过程中，除你以外的所有人都是“外人”，你可以把他们看成自己参与的这个游戏的一些“场景”，是为了带给你一些特殊的体验而存在的。

所以我们前面说了，人不可能将他人凌驾于自己之上，这是违反设定的。假如看上去有，那也仅仅是你为了获得特定的体验而已。只不过在你获得体验的时候，顺带着竟然也最符合他人当前的利益而已。每个人都应该是为了游戏体验而存在的，体验的参与者就只有自己，因此可以为自己的任何决定做主的，当然只有自己。

我看到过很多人，他们总想做别人的主，不是给建议，而是直接替别人做决定。为什么会有这样的一种心理？这源于我们自身对于人生和生命的一种恐惧。

每个人都只能活一次，在现有条件下似乎就是这样的。于是面对人生的各种可能，我们在任意一个时点都只能选择一种。比如你在 4 岁的时候可以选择学钢琴，也可以选择玩泥巴。但当你选择了玩泥巴后，在你 24 岁、34 岁的时候，你就可能会很想知道如果自己当初选择学钢琴现在会如何。可惜时间不可逆转，于是只能在自己的掌控范围之内，去试图看看自己的另一种可能，哪怕只是看个大概有点接近的影子。

做别人的主，本质上就是希望将自己的意志活在别人的身上。给自己一段时间的第二次、第三次生命，你可以看到自己的意志会有什么样的结果，却无须承担相应的责任，这实在是一次非常划算的买卖。

每一个独立人都无法做另一个独立人的主，这是由我们不具备替别人承担责任的能力这个天然属性决定的。我们最多可以在力所能及的范围内进行一些帮助和补偿，但这是两码事，所有对结果的感知、情绪和反馈只能由当事人自己承担。

自由意志下的自由体验，才是人生唯一的意义。既然是自由体验，“努力”这件事是不是失去了意义了呢？怎么会呢？努力本身就是体验的一部分，努力后的结果也是体验的一部分。只不过，这个努力一定是为了你自己而努力，为了得到更多不同的体验而努力。

努力，不足以让你过上好日子

人人都想努力

很多人看了标题就会生出无穷多的疑窦。努力这么正确的事情，持续践行下去，怎么就不足以过上好日子？人人都想努力？我就不想啊……

每个人都希望变得更好，只要你还有欲望的话，因为变得更好在本质上也是为了得到更多，不管是物质上的，还是精神上的。有人说："你说得不对，我就不愿意变得更好。我很满足现在的状态，我就想变成一摊烂泥。"你撒谎了，你不是不想变得更好，而是不想付出变得更好的成本，这个要明明白白地分清楚。

有人说："这是不是太功利了？"不，是你想得太功利了。变得更好并不意味着一定是变得更有钱，那些类似让家庭变得更温馨，让自己变得更健康的愿望也同样属于想"变得更好"的范畴。

再想想，究竟你是纯粹不想得到结果，还是不想付出成本呢？

我有一个这样的比喻，让自己变得更好，就像是往一个永远看不到头的山顶推巨石。你只有不断加之外力，才能艰难前行。哪怕你只想停在原地歇息、喘口气，也必须用力撑住。如果你什么都不做，巨石就只会往山下滚。你要止住下滑趋势并推回原位，就得多付出数倍的力气。因此，无论世俗还是清高，贫贱还是富贵，哪怕你只想过现在的生活，努力都是一个必要条件，就像一个乞丐仅仅想填饱肚子，也得努力。

因此，我们别看很多人嘴上说不想努力，不想勤奋，但其实这个世上没有人会排斥努力有可能会带来的好结果，排斥的只是伴随它而来的成本。

我给过人关于行动力的建议，也就是如何让自己变得更“努力”一些，那么是不是我们现在开始埋头苦干，一段时间后就能出任首席执行官，迎娶白富美，走上人生巅峰了呢？很明显不能，因为如果仅是努力就行了，肯努力的人真是不计其数，那为什么偏偏是你脱颖而出呢？

为什么仅努力还不行

能坦然认识到自己也需要努力，坦然承认自己想要努力带来的概率性好处，是需要勇气的，因为这意味着放弃了用“懒惰”给自己的认知不足和能力不够当借口，你再也不能说出“只要我努力，就能取得什么样的成就”这样的话了。

那么，为何努力不足以让我们达到我们想要达到的目标呢？

因为仅达成一个小目标也是需要很多条件的，而达成很多由小目标组成的大目标则需要更多的条件。就拿世俗意义上的“成功”来说，最重要的三要素是运气、智慧和努力，努力只是其中的一个要素而已。

那么这三大要素有没有先后或者轻重之分呢？肯定是有的。用一个链式的顺序表达大体是这样的：运气—智慧—努力—智慧—运气。我简单解释一下，首先是初始运气，一个人没有初始运气就不可能成功，这是必然的。巴菲特说：“我很幸运地出生在美国，在这个成功比例为1/30或1/40的国家，如果早出生几千年，我可能会成为某种动物的午餐。”

我想，即使不从时间上去考量，单单从地点上，让他出生在战乱国家，他就有可能英年早逝了，哪怕活下来也基本不可能取得今天的成就。

假如你有幸拥有了初始运气，比如能接受教育，你才能拥有一定的概率去习得初始智慧。有了初始智慧和一定的眼界认知后，你才能明白努力的意义。于是你才会往正确的努力方向走，同时在努力的积累之下，不断和外界产生联结，从而习得高级智慧，并在践行中创造更多的好运。

是的，好运可以被创造。因为你的智慧和努力，让之前不属于你的世界跟你联结在了一起。于是，那些“意外”的机会就有更大的概率落在你的头上。

在此，我将这根链条完善一下，大体是初始运气—初始条件—概率性习得初级智慧—努力—习得高级智慧—持续践行—创造更多好运……

很多人自认为完成了前三步的积累，以为靠着第四步的努力就能通向第五步，然而他们并不知晓努力的正确姿势。于是，他们自然有努力的样子，却没有意想之中的成果。

努力，根据目的不同，有许多坑。

第一，有些人的努力不是为了通向第五步，他们明明处于第四步，却常常认为自己正处于第六步。他们的努力仅仅能叫作“埋头做事”，却并没有目的性地想从中习得什么。于是，这种努力在缺少了脑子的参与以后，可以被称为“瞎忙活”。

第二，有些人的努力中就只有汗水。选择大于努力，我已经进行过辨析，在此不再赘述，所以努力不仅需要汗水，还要有智慧。努力在选择上，甚至在选择之前，肯定是比忽视选择的汗水要有效得多。努力的方向不对，就只能离自己的目标越来越远。

第三，有些人的努力并非出于认知本能，而是做给别人看。这类人通常并不十分在意自己的内在积累如何，在意的是当下一刻的得失，包括他人的评价、他人的评价对自己日后的影响等。这种努力有作用吗？当然跟完全不努力的人相比也许有一些用处。但其主要精力是在表现上，就很难有进一步的成长。

第四，有些人的努力反而是一种懒惰。以前有家跨国互联网公司的内部有这么一个现象，美国总部一直不太待见中国区的工程师，为什么呢？因为虽然他们多数人看上去都很努力，却总出不了多少成绩。细究一下，原来他们工作的时候，都更喜欢用细枝末节填满自己的工作内容，更愿意把时间花在工作量大但不需要多少创造性的工作上。这样，当真正的难题来临时，他们可以用“分身乏术”作为借口来推脱，所以看起来他们没日没夜地工作，真是不可谓不努力，但这样的努力其实就是懒惰。

努力的正确姿势

努力和努力之间，也有很多区别。很多时候，我们自己不知道正确努力的姿势，却一味责怪努力了却没有给予我们应有的回报。努力，虽然不是成功的充分条件，但一定是成功的必要条件。不管是不是世俗的成功都是如此，但前提得是“正确的努力”。

那么，正确的努力姿势究竟是什么样的？它有三大特点。

第一，努力，是一件目的性的事。

努力并非像牛一样埋头犁地。牛看起来很“努力”，但犁地却并非它的本意，它仅仅是在干一件自己并不知道有什么意义的苦力活而已。牛对自己并不会有更高层次的规划，它可能只知道，在这里走来走去，到点了就有吃的，于是就走来走去，而并不在意其他的事情。

别笑话牛，很多人做起事来也很类似，他们根本不知道自己每天努力究竟是为了什么。最常见的一句话就是“养家糊口”。是啊，生存需要的确也是目的之一，但为什么你在这里做销售，而不是在那里修水管？为什么你去大楼做保安，而不去工地搬砖？很多人一言以蔽之——钱。哪里收入高就往哪里去。

这样的努力，显然是不可能再往前进步了，因为他们的努力除了换到当天的口粮外，里面根本不包含对自己的规划，也不会产生什么定向积累效应，就算因为长期工作得到了某些积累，也是被动积累。这种没有主动把控方向的被动积累，一般来说，进步效率都非常低下，且很快就会遇到天花板。

第二，努力，是一件内生性的事。

刚刚我们说了，努力是一件目的性的事。那么有目的地让别人知道自己努力，是不是也能是努力的目的之一呢？

真正努力的人，很少对外界宣称自己有多努力。比如那些经常在深夜将自己的“努力”发朋友圈的行为，拍一张笔记本的屏幕或键盘照片，配几句“今天又要通宵了”之类的话，就离真正的努力要差点。

姑且不论这种努力产生了多少价值，就是朋友圈里有不少莫名其妙的“心疼”“崇拜”和“点赞”就已经容易使这种努力偏离轨道。面对大量的掌声，当事人就更有可能将本来有可能可以更有效率完成的事情带到深夜完成。这种努力是否比其他时段更有意义，是值得商榷的。

努力，可以看作加速达到某种目的的手段。假如一个人拥有关于努力的正确认知和方向，那么在这个过程中，努力的动力是内生的。有些人之所以需要他人的认同才能在压力下“逼迫”自己不得不努力，是因为他们并没有真正理解自己做事的真正意义，因此努力的动力是需要“外求”的。外求的努力虽然也能提供一定的动力，但由于其非内生性，时效就比较短暂。等翻到了下一个目标，只得再次外求。这样的努力缺乏持久力，无法持续击败惰性。

第三，努力，是一件讲效率的事。

很多人看努力只看时长，以为工作时间长、学习时间长，就是努力，其实这并不准确。

我在念书时是属于比较贪玩的那一类人，曾不得不被父母锁在房间里做功课。一整天下来，父母以为总归会有点收获，其实我并没做几页习题。所以如果你真的要将“时长”往努力上套，那么请至少将“有效时长”套在上面。

那么是不是有效地专注做事就可以算作真正的努力了呢？也没这么简单。

我们都知道，每个人的一天都只能有 24 小时，除去睡觉的时间，普通人满打满算也就是 18 个小时左右，那么这 18 个小时哪怕一点也不浪费，都用于你认为的各种“努力”，是不是就可以产生什么神奇的效果了呢？也不容易的。拿我自己来说，想要干的事实在太多，每天 24 小时肯定不够，于是只能砍掉一些。砍掉哪一些呢？这是个问题。

所以努力的效率要点是：将你的有效努力统统用在刀口上。这几乎是比努力的有效时长更为重要的事情，因为你首先得能分清轻重，同时还得是个出色的规划家。不仅是对事情本身的规划，还需要更多对人生的整体规划，比如不做“消防员”。

所以你看，努力这件事对人生重要吗？当然重要，但如果想只靠着努力就过上好日子，容易吗？非常不容易，不仅得习得努力的正确方式，还得有一些初始运气。

少走弯路，可能死得更惨

避坑本身可能是个坑

从小到大，我都不断听到一种叫“为你好”的教育说辞。这种教育往往是语重心长式的，当教育方说“为你好”的时候，通常情况下，是被教育方已经露出了至少一点点的不领情，而这种不领情在教育方的眼里更像一种“不懂得分辨什么是好坏”的幼稚。

为你好，是告诉你什么是正确的，让你少犯错，少走弯路。少走弯路好吗？当然有好处，从 A 到 B 有一个陷阱，有人告诉了你，于是你就可以更快速地到达 B。而没人告诉你的话，你可能会掉进去，过很久才能爬出来，等你到了 B 的时候，也许你本可以到达 C。

看起来少走弯路的确有很大的益处，它让我们更为有效地避免走上某些冤枉路，而这一切居然仅靠理论学习他人的经验就能完成。

但事实真是如此吗？我们都知道个体差异，但当用来分析实际问题的时候，很多人却容易将其忽略，理由很简单，人天生就是归纳型动物，如果没有同类归纳的能力，人类的记忆和表达等都会非常有限。于是，我们非常善于用“近似”，但有些时候，近似归纳却仅代表了“不准确”。

他人的经验只是他人这个特殊的个体在某个时点对某事形成的特定经验。这里面有“人、时间、环境和事”四个要素，任意一个要素的更换，都会导致获取到的经验不同。而对你来说，个体换了，环境和时点换了，某事本身也许有点不同，那么这个经验究竟于你而言还会有多少参考价值？

我们可以学习基于逻辑判断的事实，比如在二维平面内，三角形的两边之和必定大于第三边，这是永远不会变的，而且它的正确性不受任何要素变更的影响。但个人经验本身就是基于归纳，而且是不完全归纳，甚至有些还是样本数量极小的不完全归纳，那么所谓的通过他人的经验来避自己的坑就显得比较荒谬了。

很多人说，我真的避过了啊。我会告诉他，你危险了，因为你根本不知道是通过别人的经验避过的，还是那个你认为有坑的地方本来就没有坑，也就是你的“避”的行为不一定具有意义。你仅仅是看到了可能有坑，然后选择了另一条恰好没有坑或在特定环境下并不会掉进坑里的路而已。这么看来，避坑这个行为很有可能本来就是个大坑。

一个人只有真真正正地踩进坑里，才会知道坑有多深，内部构造是怎样的。踩得多了，才能炼就火眼金睛，能分辨长成什么样的大约就是坑。这样的人避坑和跳出坑的能力就会相对较强。而如果没有前面的这些步骤，仅凭别人的经验和单纯的理论学习（通常还不详尽），在多数情况下，对坑的理解几乎都会出现不小的偏差。当真的踩进了坑以后，也很难较快地爬出来。

踩坑要趁早

出于爱护，我们都不愿意让身边的人白白踩入一些我们认为自己知道的坑，这是非常正常的心理。我们可能确实入过类似的坑，遭受过损失，也可能没入过但坚信那里有坑，于是出于好意对别人进行提醒或直接帮助对方避坑。

“直接帮助对方避坑”肯定是一种非常错误的方式，因为我们“做了别人的主”。但提醒别人避坑这回事，连我自己也常常忍不住去做，因为出于感性。但若是出于纯理性，这种提醒他人避坑的行为从长远来看，却未必能给他人带来最大的利益。

常常有人在公众号的后台问我：“我刚刚大学毕业一年，在公司里做得不开心，不知道该不该跳槽。”通常我的建议都是跳，为什么不跳呢，年轻人就该多尝试。当然，频繁跳槽一定是好事吗？这可未必，但这里有一个核心思想，就是对于会总结、会思考的年轻人来说，就是应该多踩坑，多尝试不同的环境，多跟不同的人打交道，这样成长起来才是最快的。

我自己就经常踩坑。大学刚毕业的时候，大约是 2008 年，我打算兼职开一家淘宝店。不过刚开始做的店铺没信誉，没信誉就意味着没生意。怎么办呢？我打算买一个现成的皇冠信誉的账号，那个时候皇冠账号非常稀罕，有了这个信誉打底，不管卖什么都能卖出去，我当时确实是这么想的。但是在网络上找了一圈，大都是天价，摸摸口袋，只能看着眼馋，想来也是，这么好挣钱的事怎么会便宜给我呢？

正当我准备放弃的时候，有一个只卖 1400 元的广告映入了眼帘。于是，在对方把后台截图给我之后，我反复确认之后，将钱转给了他。大约半小时后，我看看没动静，就打算去探探口风，想不到在对方一顿忽悠之后，又打了 600 元给他。然后，就没有然后了，他拉黑了我。我共被骗 2000 元整，当时我的工资是每月 1800 元。

这就足够无脑了吧？但像这样无脑的坑我一直在踩。这中间我没有过怀疑吗？肯定有，但万一人家真的有特殊情况需要脱手呢，而且就这么巧被我碰上了呢？

坑这种东西，以前踩得多了，现在就踩得少了，因为很多坑我一眼就能把它的内部构造画出来，这对我快速做出决策是非常有帮助的。

虽说踩坑并不是一件坏事，但踩坑这事也有技巧，不是随随便便往里一踩就能有收获的。最起码你得在自认为了解得非常详尽、自己已经足够小心的前提下最后进了坑，这样学习效果才会出来。这种学习方式尤其体现在对新事物的学习上，很多人在正向学习的方向上要学很久的东西，上一次当可能就了解得七七八八了，因为你入坑前为了自行避坑就得比别人了解得更多，入坑后的总结还可以完善之前的思考漏洞。

踩坑基本上都是有损失的，在很多行业，我们将其称为“学费”。踩坑听上去是贬义词，学费却不是。之所以叫学费，是因为在打游戏、人际交往或挣钱等各方面，想要达到一定的高度，某些坑就是不可避免的，坑里才有好东西让你学。所以踩坑的损失反过来说，很可能是深入学习的必需费用，少踩一个坑，就意味着少一次学习机会。

因此，为什么说年轻人应该多踩坑呢？因为踩坑越早越好。如果某些坑注定是你达到一定高度前避不过去的，就像买股票，不管你学了多少理论知识，最终都是避不过心态失衡这个坑的，那么早踩肯定合算得多。因为踩得越早，你的损失就越小，对坑的理解就越多一点。

如果某个年轻人一直顺风顺水，那么等他上了一定的年纪，聚起了一定的财富以后，他的抗风险能力跟从坑里摸爬滚打出来的人相比就会比较弱，不仅更容易踩到大坑，而且一旦踩到就可能会损失惨重，还并不一定拥有爬出来的能力。

年轻人积极避坑不一定是好策略，只要你会思考、会总结，坑是没有白踩的。

格局，决定你的世界

格局是什么

“格局”这个词，听起来比较虚，也比较大。但这种又虚又大的词，往往不是三言两语能讲清的。于是看上去似乎人人都能上来扯几句，就像“爱情”这种词，大家都能提出点自己的看法，但若是深究起来，基本都没什么逻辑。

格局对人生的影响实在是太大了，可以这么说，你这一生的质量差不多就是由它决定的。那么格局究竟是什么呢？如果一定要找一个最接近的解释，应该就是我们的认知层次。

当我们说某个人格局很大时，通俗化的解释就是他的认知层次较高，能看到一般人看不到的东西。认知层次有自己的特点，在认知层次中，只能从上往下看，没法从下往上看，每提高一层，就能看到多得多的风景，而处于相对下层认知的，仅用想象是很难理解上层认知的。

格局的不同，造成了我们在本质上就是生活在不同的世界。有些人看到这里可能会不理解："明明我们就是生活在同一个世界啊，为什么这么说呢？"这是由于很多人并没有领会到，世界除了是个物质实体外，呈现给我们的却是个精神实体。

多数人的五感大体相同，比如多数人能分辨色彩、声音等，但还是有小部分人是没法分辨的，他们脑中的世界就跟多数人的不同。假如把所有人的眼睛或耳朵等感官都改个构造，那么世界在人类的认知中就变成了另一副样子，而你也会真实地认为那当然就是客观的样子，其实仅仅是你的"接收器"换了而已。

如果说五感是人类对世界信息自以为是的初级判断，那么认知则是人类对世界机理自以为是的高级判断。如果改变类似五感的接收器就能改变世界的根本面貌（其实是幻象），那么认知的差别，当然同样可以让我们生活在完全不同的精神空间。就像在你的眼前有一朵花，大家都看得到是一朵花。但在你的眼里，它只是一朵花，在诗人的眼里，也许就不仅仅是一朵花。虽然对于相同的五感来说，花是客观的信息，但从你们整个人生的精神空间来看，你们其实活在完全不同的环境中。

所以有时候我们会很奇怪，这事他怎么会不介意？怎么可能不介意？一定是装的。但气人的是，他似乎不但不介意，还根本就不关心，这就是不同的认知决定了世界在精神实体层面上的呈现方式不同。

接下来，我会从几个常见的现象中聊聊格局的高低如何造成精神空间的差别。

学习和职场上的格局

以前念书的时候，我发现一个有趣的现象，那些成绩特别好的学生，特别好与人分享。你有什么不会的题目去问他，他会把自己会的跟你说得明明白白。当然他也有不会的时候，也特别不耻下问，哪怕你的成绩不如他，他也不觉得“丢脸”，因为他知道自己的成绩再好，也不可能在知识上真包含所有不如他的人。

而有些人则不太一样，你有什么不会的题目去问他，他就算知道也会随便找个理由打发你，而他自己不懂的，则因为缺乏“交换的筹码”，渐渐地也问不出口了。这类人的成绩往往处于中游附近，至多是中游偏上，属于看起来不太笨，在笨人眼里可能还有点小心机，实则智力比较低下的一类。有人会问：“那些中游以下的学生呢？”由于他们不常有机会回答他人的提问，因此不在讨论之列。

为什么他们的行为会有这样的差别？本质上就是因为他们的格局不同，因此他们的世界就不同。

在认知能力较高的人看来，班级里的排名其实没有任何意义，因为我们到学校里是来学习知识的。既然是学习知识，当然只跟自己比较才有意义，只要我今天比昨天懂得更多就行了，只要我尽力就可以了。阻碍别人进步不仅对自己于事无补，还会拉低自己所在群体的平均值，以致未来有可能影响自己的高度。

哪怕是从不那么正确的功利主义目的出发，我们念书就是为了考个好大学，今后找份好工作，那么班级里的排名一样没有意义。因为你的高考成绩是全国排名而不是班级排名，在全国排名100000与100001并没有什么本质区别，拉低几个人的成绩也对你毫无用处。

而那些认知能力较低的人就不同了，他们着眼的，只有自己的小世界——班级。班级排名就是他们的全部，甚至有些父母都是这样认为的，只要班级名次下降，那就一定是退步，这是非常可笑的。所以对他们来说，这是个零和博弈，拉低一个人的成绩，就意味着自己相对进步了。这种道理听听就很蠢吧，但在现实中，很多人会犯这样的错误，因为他们的世界就是这样，所以也只能看到这样。

学习上的认知层次差距决定了我们的行为，而行为本身又决定了我们的高度。在职场上，同样如此。

我很少看到在职场上能把心思真正放在自己身上的人。职场，是一个人的修行，是没有什么同伴和对手的。再过几年市场进一步细分和信息化以后，大家的感受可能会更加明显，你的收入，就是你价值的真实反映。在不完全市场里，南郭先生兴许还能沾点平台的光，但这种搭车行为很快就会消失。

我曾经做过职员，也雇过职员，我做过别人的同事，也做过别人的老板。在职场中，我见了太多浑浑噩噩的人，他们不停地横向比较：同事偷懒，我为什么不能偷懒；同事拖拉，我为什么不能拖拉。那么公司裁员，同事被扫地出门，你是不是也跟着去呢？

很多人把工作看成计件奖赏，今天我在这里待了多久，你给我多少钱，我能换多少吃的，就是这种很原始的折合方式。当他们偷懒以后，就觉得是占了老板的便宜。所以老板为什么要设置打卡机，为什么要查岗，就是因为到处都是这样的员工。接着，员工和老板就会上演无休止的斗智斗勇，将宝贵的精力消耗在毫无意义的事情上。

拥有较高认知层次的人，他们的着眼点根本不会在这样的地方，他们清楚自己的布局，知道自己每一刻在做什么，能给未来带来什么样的好处。对他们来说，其实未来的大体框架早已提前建好，只是具体的表现形式未知，实现的路径未知，时间未知而已。

在职场这条孤独的路上，为什么我说同伴和敌人都不存在？因为他们都在实时变化着，甚至相互转化着，因此放太多心思下去就容易做无用功。很多伟大的企业就是专注自身就可以了，在你不断变强的同时，敌人跟不上脚步，自然就不配做你的敌人了，打他干什么呢？这跟盯着班级的排名是一个道理。

提升格局，就能看到更大的世界，这种感觉就像是“哇！为什么之前我就没想到”。这说明你接收到了来自更高段位的信息，赚到了。而在这个信息出现之前，可能你几乎是想破脑袋也冲不过去那个思维关卡的。

学习也好，职场也罢，人生这场修行，就是不断提升自我格局的过程。至于社会上普遍认同的体现人生成功的东西，如金钱等，只是随之而来的副产品而已。当你对世间万物的本质认知达到了一定的层次，很多东西都只剩下想不想的问题，并不存在能不能的问题。

提升格局之分辨层次

格局是如此重要，“认知层次低的人无法看到高层次的世界”和“大多数人都以自己现有认知作为认知的最高层次”则是在格局中要时时警醒自己的两个概念。

所以提升格局的第一个要点就是：懂得分辨格局的层次。

一个顶级的厨师需要满足什么条件？也许你会说出与他的专业技能相关的一大通东西，但最基础的不是这些，而是拥有一条好舌头。

小野二郎说：“如果我的舌头不如客人的，那么我是做不出让客人满意的东西的。”道理显而易见，你没法分辨相似味觉和口感之间的细微差别，自然就会将粗糙的东西拿给要求精细的客人，这是你用再高的技巧都无法弥补的。

于是我们进行认知升级的第一个目标，就是我们虽然看不到某些层次里的具体世界，但至少得能看得出或者隐约知道那里有更广阔的世界，这就是我们获得进步的基础。

如何做到呢？我把它叫作——推倒自己的积木。

积木，代表你的积累，一旦搭上去了，就会产生一种叫“我就代表正确”的副产品。千万别认为这种副产品很容易对付，几乎所有的人都认为自己能容纳跟脑中既有观点不同的声音，但对大部分人来说，这恰恰就是“我就代表正确”的一种表现，只有小部分人愿意使用逻辑工具重新检验现有知识的有效性和正确性。

你的知识体系是你日积月累而来的，包括固定知识、解决问题的方法、思维定式等。这些都非一朝一夕可形成，一旦有人的知识观点跟你的现有积累不符，也就意味着你需要花时间去检验和判断。若检验出来是自己有问题，那么细枝末节还好。若动了根基，则以往的很多积累白费不说，还需要花时间重构。所以很多人从内心抵触不同的声音是有理论依据的，宁可有可能错下去，也不能给花费大量精力重构知识体系留一点可能性，因为若经过了检验确定是自己有问题，那么不改正就过不了自己内心这关，因此干脆就不检验了。这跟很多人不肯去体检其实是类似的心理。

我们的格局之所以提升不了，就是因为我们看不到或根本不想看到更高层次的认知。我们在第一时间就会有本能反应，抵触不同的声音，其本质，在于我们不愿意给推倒自己亲手搭起来的积木留一丁点可能性。

这里可能很多人会问："那些牛人好像都是固执己见的啊？他们的格局都很低吗？"这么问就没有搞清楚格局的概念。格局可以从上往下看，不能从下往上看。我接触过很多牛人，他们都是非常善于听取意见的。但在普通人看来，他们却是固执己见的，那是因为普通人的建议对他们来说通常不具备"建议"的意义。牛人显得固执己见，是因为他看得到别人的不牛，而不牛的人固执己见，往往是因为害怕一无所有。

所以，提升格局首先要做的是：虽然看不到上层格局的世界，至少能看到不同格局的层次。实现的方式是关闭"抵触"开关，树立推倒积木就是更快建造正确的大厦的正确观念。

提升格局之扩展时空

渐渐有能力将格局分层了以后，我们就有了谦卑之心。仅这样是不够的，有了虚怀若谷的心态，还需要有正确检视事物的方法。用逻辑和科学的态度是最基础的，除此之外，还要学会从更长的时间跨度和更大的空间跨度看问题。

更长的时间跨度其实很好理解，比如刚刚讲过的职场上的格局，你在考虑职场问题的时候是以多长的时间跨度为计算单位的，决定了你当下的行为。

如果你是以天为单位，那么自然是干一天算一天，只要老板固定给你当天的回报就行，参考工地搬砖模式。如果你是以年为单位，那么就不能只考虑当天在干的活了，要考虑在公司里的生存问题，考虑升职加薪的问题，参考大多数的白领模式。如果你是以 10 年甚至更长的时间为单位，连当下的薪水都不是很重要了，最重要的是当下的工作环境能不能让你变得更值钱。如果你持续增值的速度够快，那么当下的薪水其实意义并没有那么大，因为当你一个月能挣 10 万元的时候，之前是 1000 元还是 3000 元其实都差不了太多。

所以，当我们从不同的时间跨度考虑问题时，就会表现出迥然各异的行为。有些人很难理解，这么辛苦付出怎么可能有人不计较薪水呢？这种难以交流的现象在本质上就是格局不同导致看到的世界不同。

更大的空间跨度理解起来也不难。

在这方面我有个关于自身经历的例子。我从5岁开始学棋，野路子出身，一直没有接受过系统训练，于是开局的布局总是很差，漏洞百出，有时还会丢子，但进入中局以后往往能扳回劣势，原因就是我的逻辑推演和记忆能力都还不错，通常可以比对手多看几步。为什么多看几步如此重要呢？因为你在3步以内思考出来的最优解，到了5步以内，很可能就是最“臭”的。

每个人看事情的时候，都拿着一个用硬纸板卷起来的圆筒，有些人的筒大一些，有些人的小一些。如果你把下棋过程中每一步的可能性用思维树给画出来，那么3步和5步的区别就是不同的人用不同的筒观测到的世界。

当我们聚焦在自己的一亩三分地时，做出了看似最适合自己的决定，或者给出了自己认为最正确的评价。然而，当我们把可视的范围扩大，刚刚明明正确的决定和主观评价可能因为其他因素的加入突然就变得不再正确，所以用更大的空间跨度去看问题，显然就会更接近真相一些。

那么如何扩展空间跨度呢？其实扩展空间跨度的方式就是扩展自己的思维树，用白话来讲，就是将尽量多的相关对象和影响方式收纳到自己的思考范围之内，理清相互之间的逻辑关系。如果这个过程在头脑中完成有困难，可先尽可能多地列到白纸上，然后借助工具慢慢梳理。

当你对事物的认知较之以前更为接近本质和核心时，你的格局就提升了，眼中的世界也将随之改变。

人生的
消费和投资

什么时候消费，什么时候投资

投资和消费，是人类的两大终极行为。为什么说是终极？因为这两种行为几乎能把一生中干的所有事都囊括进里面。

我们在前面已经多次进行过阐述，人就是自利的，哪怕看起来是利他的行为也是先自利的。自利行为共分为两种：一种是在当下状况下得出的最优解，包括最简单直接的自利，以及迫于道德、职责或害怕被惩罚等压力下的利他行为；另一种是自愿放弃短期利益，博取更长远利益的自利行为，比如心甘情愿为异性做牛做马，最终是为了自身的回报。这世上并不存在真正的不求回报，哪怕只是心里痛快一点也一样是回报。前者就是消费，后者就是投资。

要看一个人是在消费还是在投资，有时候仅看表面是看不出来的，因为这两者通常都交织在一起，比如消费账户和工作账户，有些人明明是出去喝酒狂欢，偏偏要骗自己说是去攒人脉。也就是把一个简单的消费行为说成投资行为，但他究竟是去干什么，在消费中有没有真的带点投资的成分？只有他自己知道。再比如一个人坐在小河边闭目养神，看起来是一种对于闲暇时光的消费，但如果这个人的脑子没有停下来，只是借这么一个宁静的去处思考事情，那么其实是一种投资行为，究竟是消费还是投资，各占多少比例，还是只有他本人知道。

自利是人的最终目的，本质就是满足需要——物质需要和精神需要——消费就是一个满足需要的过程，而投资则是一个延迟满足需要的过程。依照本性而言，我们都喜欢消费而厌恶投资，因为消费可以满足即时需要，投资则不能。投资意味着付出，意味着克制，意味着强行让自己当下不爽。

但不投资又不行，消费存量并不是无限的，这次消费完了，下次呢？人区别于动物很大的一点就是人是理性的，懂得计算，懂得长远考虑。于是，分配投资（延迟享受）和即时消费的比例就成为寻找人生最优解的关键。

一辈子 9 分投资、1 分消费肯定不可取，搞了半天辛苦来人世走一遭，不能仅受罪。而 1 分投资、9 分消费也不太合适，靠 1 分投资得来的收益，这 9 分消费想来也不会太爽，满足不了多少需求。

每个人的能力都不尽相同，有人 3 分投资就能把这一生过得很好，有人则需要 7 分。这是个不断试错的过程，需要我们根据自己的个人情况进行动态调整。这里的动态分为两层意思：一层是我们对于消费和投资的比例需要动态摸索，尽量找到最适合自己的比例；另一层是我们的个人能力和环境本身也是在不断变化的，当我们的个人能力提升的时候，也需要动态地做出调整。

“人死了钱没花了”是件痛苦的事，所以仅投资肯定不行，消费得跟上。但按照投资消费比来看，肯定是能力越强，在相同的投资比例下，能够消费的就越多。只是能力本身的增长又不得不跟投资挂上钩，没有先期投资，何来能力增长呢？所以，分配太多给消费也不行，等于杀鸡取卵。那么从人生的总效用角度来看，究竟年轻人是该纵情消费，还是该积极投资呢？

如果你的投资消费比基本确定，那么肯定是越早投资越好。古人说先苦后甜，其实是有现实逻辑的，因为投资有红利，消费有利息。

千万不要以为二十几岁学一项技能和八十几岁学是一样的，“活到老学到老”的确很励志，但效果明显不同。八十几岁学会一项技能，应用和产生“技能红利”的可能性明显剩不下多少，但二十几岁呢？你有大把的时间让这项技能同其他机会产生融合与互动，这就是投资的时间红利。

消费也是一样，每一次消费都是提前支取本属于未来的利息。换言之，每次消费不仅仅是消费本身，你都是支付了利息的，不只钱有利息，什么都有。比如你消费了时间跟朋友快乐地聚了一次，你并不仅仅是消费了这段时间，因为这段时间你本可以用来进行一次投资。这种隐性成本就是利息，是要算进去的，所以你消费的应当是你当前的时间加上可能在这段时间内产生的最大投资积累的总和。

所以分配消费和投资的比例非常重要，而选择进行投资行为的时间点也同样重要。

怎样才算没有虚度人生

对于这样的问题，市面上有五花八门的说法。成功学作者说，人生要成功，成功的人生才有意义。不过如果你问他什么是成功，他可能一时答不上来。鸡汤学作者说，人生追逐的是内心的丰盈，只有按自己的意愿度过一生才不算虚度人生。但按自己的意愿就是追逐欲望，要消费必先投资，投资就肯定要克制欲望，这不是矛盾了吗？

其实这些答案基本都跟是否虚度人生扯不上太大关系。如果上帝有一把尺子衡量一个人是否过好了这一生，那这把尺子一定是这个人对自己这一生的利用效率。

消费也好，投资也罢，对于人生而言都是正向的。不管我们正在满足需求，还是延迟满足需求，我们都要么在干着让自己愉悦的事，要么在干着能在未来让自己更愉悦的事，只是总效益的水平有区别而已。狭义上讲，消费和投资当然有区别，但从广义上来看，它们有时候是一回事。某些时候，消费就等于获得了即时回报的投资。

不过有一种东西，跟消费和投资都不一样，是提高人生利用效率的天敌，那就是损耗。损耗跟消费不要搞混，一个人坐在小河边享受午后，很多人会认为是一种“浪费”，是一种损耗，其实不是，这是消费，是正向的，可以提升人生整体的愉悦水平。

生活中存在很多损耗，但很多人意识不到。我可以随便举两个例子，你可以自行检验一下，自己是不是正在被损耗吞噬着。

比如你明明处于一个按业绩给薪水的岗位，却天天在公司里假装做事，其实是混到点下班。在这个过程中，你并没有通过投资提高个人能力，从而让自己拥有更高的单位产出，也没有获得任何实质性的回报，或者通过消费让自己愉悦。

再比如你跟朋友出去喝茶，你是享受交流的快感，还是仅仅出于某些功利的目的，憋着劲想下一句话呢？前者是消费，后者是投资，但投资很可能打水漂。如果你一晚上既没有消费到什么，始终没有享受愉悦，又没有得到投资回报，那么这也是损耗。

损耗就是基于错误的认知之下，将一段生命变得无意义或基本无意义的行为，说得严重一点，就是人为缩短寿命的过程。只有在损耗的状态下，才叫虚度人生，其他的所有差别都只是选择给人生填涂不同的色彩而已。

幸福人人都能拥有

幸福不是自欺欺人

很多人看到标题以后会不理解，幸不幸福虽说不一定由金钱决定，但怎么都算是个客观事物吧？如果人人都能拥有，由于人人情况都不同，那不就变成主观事物了，这跟自欺欺人有什么区别呢？

不。这里要阐明两个观点：首先，幸福的确是个主观事物，至于为什么，我们之后会展开；其次，自欺欺人的认定并非跟主、客观有关。所谓自欺欺人，只有在一个信号明明被接收到，已经确定了刺激和反馈之后，却被人用主观意志进行强行扭曲，才能称为自欺欺人，而跟信号本身的刺激和反馈是不是符合别人认定的客观事实，是没有关系的。

比如你的手指被门夹到，明明是疼的，你非要说一点也不疼，这就是自欺欺人。如果你真的认为不疼，我再多夹你几次好不好？你可能就不肯了。所以自欺欺人有个特点，那就是，大脑在潜意识里是很清楚的。自欺欺人只是暂时性地对自己进行麻痹，并不意味着能够骗过自己的深层意识。

但一个多数人认为很难吃的东西，有一个人说很好吃，这就不一定是自欺欺人了，因为他可能真的认为很好吃，你再给他吃，他的确还吃，而且乐意之至。所以一个人从主观出发的任何反馈只要符合自己的深层认知，对他来说就是没有问题的。

幸福的主观特点跟自欺欺人不同，它并非由即时刺激反馈产生，而完全是通过比较的方式由大脑营造出来的。当然，不幸也是如此。有人可能会问，如果一个人不幸残障了，难道也能把不幸变成幸福吗？那是当然。

幸福的唯一来源就是比较

我们的大脑拥有丰富的想象力，甚至可以想象出现实世界不存在的东西，但要让我们将抽象的感受和氛围绝对性地具象化，还是有一定的难度的，因为人对于大多数事物的绝对值其实并不具备多少感受。比如你要买个苹果手机，7000 元，到底贵不贵呢？你得借助跟其他手机品牌产品的对比，得借助跟其他数码产品的对比，才能产生一个相对的感受，否则你是根本没有概念的。再比如你出生时就是个盲人，你对于这件事其实刚开始并不会那么在意，只有当你知道了大多数人都是可以看见的这一事实后，才会感受到失落。

因此，当我们要告诉自己一种抽象感受的时候，比如幸不幸福，通常需要借助比较的力量。比较这回事注定是有参照系的，而参照系则是没有固定标准的。

关于幸福的比较，通常来说有两个维度。

跟他人比较

这是我们最常见的幸福和不幸的来源了。为了更直观地表示，我用一个虚构的小张的例子来解释。

小张是一名普通的北漂，到了北京五六年，一直想在北京安身立命，但是算算手头的钱，离买房首付还差点。

近几年，公司里不断加入新的北漂，小张渐渐成了“老资格”，看着年轻同事拼命工作却只能“月光”的窘迫样，再想想自己的首付就快有了着落，小张的幸福感油然而生。

不过，隔壁办公室的小王却让人不爽。这小子是北京人，父母留了现成的房子给他，不小，130 平方米。小王平日里吊儿郎当，一发工资就拿去泡妞，公司里的适龄妹子都快被他泡完了。小张一想到自己哪怕付了首付，今后也要面对几十年的巨额贷款，再看看小王整天嬉皮笑脸的样，恨得牙痒痒。

不过恨归恨，投胎投得好也是没有办法的。小张暗暗下决心，要用努力抹平先天差距。于是小张每天更加勤奋工作，终于在年终的时候得到了双倍的年终奖，首付的任务突然提前完成了。

拿到年终奖的晚上下着小雪，小张站在天桥上，望着前方暖黄色的灯光星星点点，心里也是暖暖的。马上要拥有自己的房子了，给老同学打个电话吧，顺便约出来吃个火锅，也学人家买单一次。老同学一听说，对着小张一阵祝福，说得小张幸福感爆棚，不过随后却隐约透露了自己的年终奖竟然是小张的两倍还多。

挂了电话以后，望着前面的灯火，小张的视线有些模糊。老同学一样是北漂，读书时成绩不如他好，头脑也不如他活络，连口才都不如他，为什么他混得比自己好？小张有些怅然若失。

小张的幸福感起落很大，在比较前和比较后，他的客观状况并未发生改变，但幸福感却有极大的落差，足以说明幸福跟客观的关系并不大。

通过比较，我们才能对行为的结果有个大致的概念，比如一个人在一个较差的班级里，总是考第一名。当某次考了 85 分时，看看周围都是 60 分，他就不觉得是自己对知识点掌握得不够好，而会认为是题太难了。相反，当他在一个大家都考了 95 分以上的班级时，面对同一个结果，他的感受就会天差地别，他可能会焦虑，可能会努力寻找不足。

很多人说："等我有钱就幸福了。"这是没有什么道理的，因为当你有钱时，你的圈子早已不同，你要的东西早已不同，你的比较对象必然也不同了。

有些人说："不啊！届时我可以跟普通人比啊，这样我就足够幸福了。"但如果你打算这样比，为什么现在不跟贫困山区的朋友比呢？所以如果你现在感到不够幸福，那症结肯定不在财富的绝对值上。人们总会高估目前渴望事物的价值，因为当你渴望的时候，就表示你已经高估了。

很多穷人希望人人都一样穷，但是明明别人穷不穷，根本没法改变他们自己的生活状态，他们该没有的东西还是没有。为什么呢？就是希望得到多一点的幸福感，而幸福感跟绝对值是没有多大关系的。

这还能解释人类普遍认为的自己拥有的高级情感——同情心，其实同情心算什么高级情感呢？那不过就是展示优越感的一种方式嘛。别人也许会因此受益，但首先是你自己先受益了。你当然不会同情强者，比如你说在挣钱方面很同情马云。这显得很怪，是吧？同情这个行为本身就给我们带来了幸福感的回报，因为我们选择了更弱的比较对象，因此并不是所有人都有意愿接受别人的同情的。

跟自己比较

很多人只知道幸福感是跟他人比较才会出来的，忽视了幸福感与跟自己比较也有很大的关联。

我们每个人对于状态都有惰性，换言之，任何保持了一定时长的既有状态，都无法激发出我们的幸福感。

比如一个有钱人，经常拿几千块钱的衣服当抹布，抹了桌子就把衣服扔了。当她习惯了这样的状态后，就不会因为她有能力这样处理衣服而感到幸福。相反，当她从一个月能扔10件，减少到一个月只能扔一件时，就会感受到强烈的不幸福感。但如果一个穷人，不说能这样处理衣服，仅是把这件衣服送她，就已经能高兴很久。

所以与自己比较，比较的是什么呢？是一个状态之间的切换。

研究表明，中彩票带来的幸福感平均只能维持三个月。三个月后，中奖者就会习惯现有的生活状态，只剩下偶尔对比时才会产生的感慨。很多人觉得不可思议，甚至认为如果是自己中了彩票，一定会兴奋上十几年，因为生活状态发生了翻天覆地的变化。但我想你并不特殊，而且大量的样本数据对于普通人来说，是有一定说服力的。

因此，从这个层面上来说，一个出生就含着金钥匙的人，他在一生之中累积的幸福感，远远没有一个从底层一无所有到最后功成名就的人累积的幸福感多。

当你的现有状态变得更好，摆脱了状态惰性时，就会产生幸福感。当这个幸福感被新的状态惰性消磨得差不多时，如果我们再继续上一个新的台阶，就会产生新的幸福感。这种上了一个台阶的状态需要我们进行细微感受，这不是客观现象能决定的，而是大脑要干的活。在状态不断向前切换的过程中，我们才能在"与自己比较"中真正积累起最多的幸福感，而不是像某些人说的："我要是现在有 1 个亿，每天吃喝玩乐就足够幸福了。"

所以，幸福只源于跟他人和自己的比较。如果你想获得幸福感，不需要自欺欺人，只要摆正自己对幸福的认知即可，自欺欺人本身就代表并没有从本质上将认知扭转过来。无论是调整比较对象，还是克服状态惰性，这都是大脑能完成的任务。所以幸福这件事，实在是取决于你自身，而不是你的客观状态。

后\记

《认知突围》出版于2017年，是我的第一本书，也是我的知识体系总纲。我希望通过这本书让大家了解一些基本认知和底层规律。

本书的撰写耗时大半年，但花费的时间远远不止这些。我的很多思考都源于长年累月的积累。其中的部分观点被人反复提及，这也印证了我的一贯认知——对的东西就是对的东西，它不会随着社会环境的变迁而改变，也不会随着国籍、教育背景等的差别让人有不同的体验。它就在那里，这就是我们探究它的意义。

近些年，本书被译成韩语、越南语等多个版本，在海内外都享有一些知名度，这让我觉得自己的工作没有白费。我接到不少读者的反馈，说这本书给他们的生活带来了很大的正向改变，这是我收到的最好的反馈。

感谢“请辩”微信公众号的读者，是你们的提问，给我在探索底层规律的道路上带来了更多灵感，并得以将思想的火炬传递给更多人。如今，我的践行社群“上行部落”的族人又带给我同样多的启发，让我倍加感恩。接下来，我会从本书总纲开始发散，将这个时代的多数人还感到懵懂的更多底层认知，继续以图书的形式传递给你们，看看我们的思考是否会在下一个 10 年成为人人都必须懂得的基本道理。